# Illustration for *Fashion Design*

# 手绘时装画

## 马克笔技法

陈石英——编著

第2版

辽宁科学技术出版社
·沈阳·

图书在版编目（CIP）数据

手绘时装画马克笔技法 / 陈石英编著. — 2版. — 沈阳：辽宁科学技术出版社，2020.7
ISBN 978-7-5591-1363-4

Ⅰ. ①手… Ⅱ. ①陈… Ⅲ. ①服装设计—绘画技法—教材 Ⅳ. ①TS941.28

中国版本图书馆CIP数据核字（2019）第246741号

出版发行：辽宁科学技术出版社
（地址：沈阳市和平区十一纬路25号 邮编：110003）
印 刷 者：辽宁新华印务有限公司
经 销 者：各地新华书店
幅面尺寸：215mm × 260mm
印 张：10
字 数：150千字
出版时间：2013年6月第1版 2020年7月第2版
印刷时间：2020年7月第2次印刷
责任编辑：闻 通
封面设计：周 周
版式设计：解安琪
责任校对：闻 洋 王春茹

书 号：ISBN 978-7-5591-1363-4
定 价：65.00元

联系编辑：024-23284740
邮购热线：024-23284502
E-mail：605807453@qq.com
http://www.lnkj.com.cn

# Preface
## 序

在信息高速发展的今天，人们的生活方式与学习方式发生了很大的变化，特别是在艺术设计领域，设计手段的变化也对设计表现潮流起到了推动作用。我们在感受新的设计表达方式给我们带来新的体验的同时，又会渐渐失去一些以往设计表达给我们带来的快乐享受。

今天，我在看过《手绘时装画马克笔技法》（第 2 版）之后，从中感受到作者在表达一种手绘创作的乐趣，并将这种手绘创作的乐趣释放给了读者。可以说，手绘作为一种设计的表现并不特殊，手绘的工具也多种多样，每一种工具都具有不同的表现空间，对手绘工具的控制需要有多年的实践经验。陈石英将自己多年对手绘时装画的感悟体现于马克笔的笔端，通过马克笔的语言与技法，加上简明的文字语言分析图例，较为全面地解释和展示了马克笔技法的要点，将马克笔的表现方式不断拓展，力图将马克笔的限制通过各种方式转换为表现的特点。马克笔时装画的初学者大多缺乏技法表现的经验，同时对时装造型、面料质感、配饰等诸多方面缺乏一定的学习和了解。对此，本书给马克笔时装画的初学者提供了一个很好的指导。

对于设计表现而言，新的表现方式的出现并不意味着已有方式的过时，重要的是通过马克笔时装画将我们对设计与艺术的交融、传统与时尚的碰撞、流行与个性的并存等感悟展示出来。陈石英的《手绘时装画马克笔技法》（第 2 版）在不断探索和挖掘马克笔时装画的未来空间的过程中，不仅给我们带来了一种设计享受，而且展示出马克笔时装画所呈现出的独特个性魅力。我在这里也想和大家共同分享马克笔时装画的快乐感受。

2020 年 5 月于清华大学美术学院

# Foreword
## 前言

距离上一版的《手绘时装画马克笔技法》出版已5年有余，在佛罗伦萨美术学院紧张的学习之余，笔者重新整理部分手稿并完善了教学逻辑，修订了本书内容，以期更好地与同行及读者相互交流和学习。

手绘的习惯一直贯穿于笔者的生活和学习，伴随着绘画工具和绘画方式不断推陈出新，纸和笔依然是笔者随身携带的物品。手绘强调的除了手与脑的紧密结合，还有纸张和工具的触感以及来自颜料的气味，能让人完全沉浸在这种美好的氛围里，无法自拔。

多种工具的结合使用是笔者的惯常做法，本书的编写也是如此。这样做的好处是可以在绘画过程中不断加入新的表现手法，让画面更丰富——不仅丰富了视觉效果，而且有助于灵感的激发。因此，掌握多种工具及其表现手法，在丰富表现效果的同时也可以丰富我们的想法。手绘仅仅是过程，最终目的是想法的记录和捕捉，然后呈现出来。

本书以时装画表现为出发点，以马克笔为主要绘制工具，讲解了时装画绘制工具的使用技巧以及表现方法。绘画本身是主观的表达，因此本书仅仅提供笔者自身积累的一些方法以供参考，希望可以对读者有一些启发。

第一章开始介绍工具（包括非绘画工具）的种类以及主要工具的特性和使用技巧，任何一种绘画工具都可以延伸出与其他工具结合的使用方式，在使用过程中会产生很多意想不到的效果和乐趣。第二章讲解时装画的基础——人体。从人体比例开始到结构和姿态以及动态均有阐述，其中，人体比例是基础中的基础，也是我们快速表现时对人体把握的第一感觉。其次是对人体体块感的训练，人物的动态以及细节需要多考虑体块的转换角度，并结合大量的速写练习才能尽可能表现出自然且准确的人体形态。时装画中衣物的形态依附在人体的动态和体块中，并通过褶皱和光影展现出来。了解人物动态和体块如何影响褶皱和光影是第三章的主要内容，有助于我们从整体角度快速塑造人物形态。第四章介绍了马克笔时装画绘制的基础方法。从单色的马克笔开始，通过步骤图，从最开始的人体比例到最后的完成稿都用同一颜色的马克笔完成，目的是训练马克笔和人物塑造的基本技巧和方法。第五章则是延续第四章内容，通过不同颜色马克笔的搭配组合完成一幅时装画作品。在了解了绘制时装画（忽略细节的时装画）的基本步骤后，本书在第六章和第七章开始探讨时装画的细节，包括面料以及配饰的绘制方法，质感表现案例贯穿始终。最后一章收录了笔者近期完成的一些时装画作品。

本书的内容讲解仅是一个开始，手绘是一件艰辛但有趣的事情，通过大量的对比和练习，我们最终收获的会是一种思维方式，一种对待事物的态度。

坚持下去。

本书难免有谬误以及不当之处，请多指正。

陈石英

2019年7月7日于米兰

# 目录 Contents

# 01

## 绘画工具的特性与使用技巧

了解绘画工具的特性与使用技巧是绘画者展现艺术构思的重要开端。本章展示的工具特性与使用技巧是基于笔者个人经验的总结，工具掌握在不同人的手里会有不同的使用方法，但工具本身的特性是不会改变的。所以，在掌握工具特性的前提下，使用技巧将会展现更宽泛的想象空间。

本章从介绍绘画工具的特性开始到马克笔的使用技巧，以及马克笔与其他工具的混合使用方法，都以图例的方式展现。图例中的绘画过程与表现效果可引导读者进行临摹练习，读者要注意多观察过程，多尝试运用不同的色号或工具进行绘制表现。多加练习才能熟练掌握绘画工具的特性与使用技巧，进而最大限度地发挥绘画工具的表现可能性。

## 一、绘画的“工具”

这里的“工具”包罗所有能帮助我们表达绘画思想的物品，不仅限于专业的绘画工具。

无论什么工具，熟练使用便能产生多种可能性，这是我们期待的结果。完成一幅时装画艺术作品需要多方面的相互配合，从草图开始，到时尚点的捕捉，再到艺术构思以及完美的构图等概莫能外，但绘画工具贯穿其中，不可或缺。

想要形象地表现设计意图，营造良好的画面氛围，进而刻画画面细节，恰当使用表现手法和绘画工具能起到事半功倍的作用。在此之前，我们先要了解绘画工具的特性。

图 1–1、图 1–2 包含了常见的绘画工具，下面进行一一介绍。

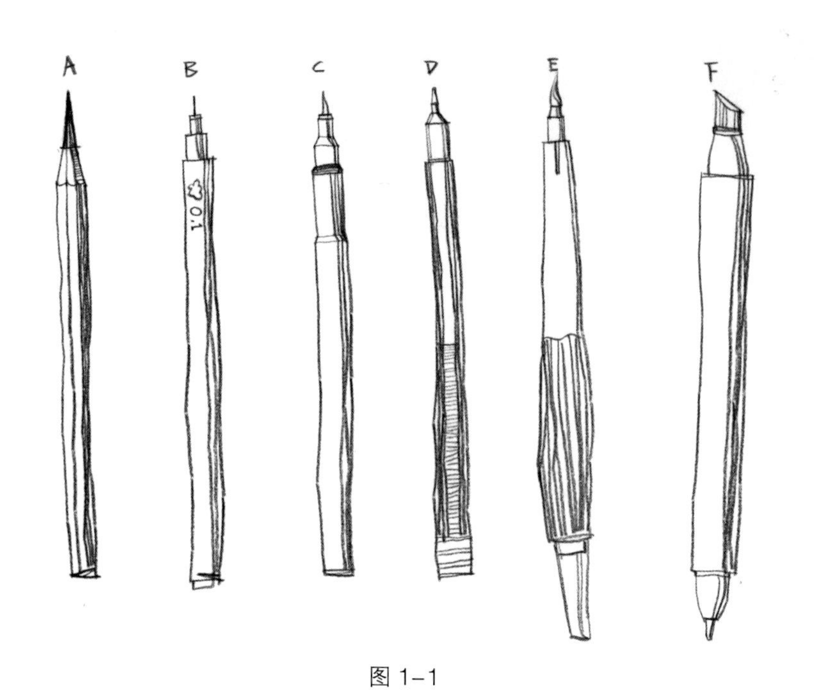


图 1–1

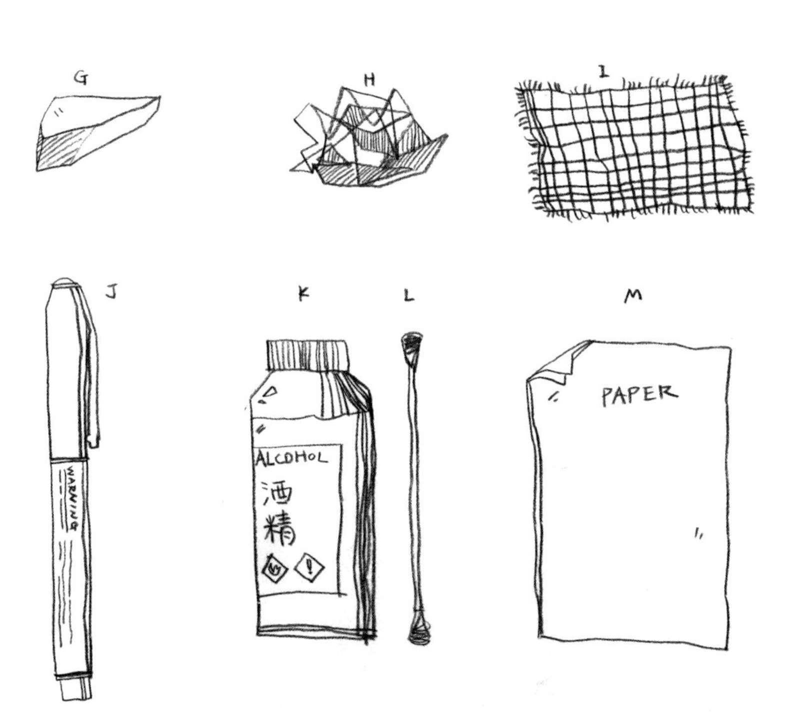


图 1–2

A 彩色铅笔（彩铅）

彩色铅笔笔头柔软，附着力强，不易蹭脏纸面。

用于起稿：线条深浅控制灵活，侧锋可铺设基本明暗调子，也可对面料进行初步刻画。

用于勾线：在用马克笔绘制大体颜色调子之后，可再使用彩色铅笔强调轮廓线和阴影。

用于细节刻画：在后期进行画面调整的过程中可使用彩色铅笔进行进一步的细节刻画，例如刻画质感。

B 针管笔

针管笔笔头纤细且坚硬，线条清晰，后期覆盖马克笔的时候容易掉色。

用于勾线：建议单独使用或在使用马克笔的后期进行局部勾线。

用于细节刻画：可进行皮毛、头发的精细刻画以及面料质感的局部强调。

C 软头勾线笔

软头勾线笔笔头柔软，线条粗细控制灵活。

用于勾线：用于后期的整体勾线以及局部强调，也可单独用于创作。

用于细节刻画：用于头发或皮毛的快速勾画。

D 白色高光笔

白色高光笔笔头跟圆珠笔一样，适合用于光滑的纸面。

用于强调细节：用于面料的高光、反光的刻画。不宜直接在铺设有彩铅的纸面上使用，会出现断线，解决办法是在彩铅上覆盖一层马克笔后再使用白色高光笔。

E 便携式水彩笔

便携式水彩笔笔头柔软，线条明朗，方便快捷。

用于色调铺设：可快速地进行前期整体色调的铺设，等颜料干透了再配合其他工具使用，以免破坏纸面。

用于后期勾线以及氛围营造：用于后期的轮廓线强调，也可进行大面积的背景刻画。

F 马克笔（油性）

本书中最主要的绘画工具，灵活、快速、易干。

在使用马克笔之前先了解几个马克笔的特性：

a. 笔头坚硬，线条清晰。

b. 速度越快，力度越轻；颜色越浅，相反颜色越深。但基于颜料的特性，明度不会超出这个色号的范围。例如一号（浅色）马克笔无论怎么叠加也不会达到三号（较深色）马克笔的暗度。

c. 在进行颜色叠加的时候，如果要避免清晰的叠加痕迹而达到较好的颜色融合效果，需要在前一个颜色未干之前快速叠加或衔接第二种颜色。

d. 较深颜色可以覆盖较浅颜色，相反则会透出较深颜色。

e. 马克笔的颜料有渗透性，在不同质地的纸张上会产生不同的效果，在使用前最好在相同纸张上进行尝试。

f. 马克笔颜料溶于酒精。

g. 马克笔在不使用的时候要盖好，以免颜料挥发。

在了解了马克笔的特性之后，读者应当多进行马克笔的扁平练习以及颜色铺设练习，以便更好地掌握马克笔的使用技巧。初学者可在使用马克笔的时候多准备一些相同质感的纸张用于马克笔的试色，这样可以对画面进行更好的控制。在绘制时可以用强烈的笔触表现出快速肯定的画面效果，也可以进行完美的颜色过渡以及精细的质感刻画，这需要熟练掌握马克笔的特性以及与其他工具的配合方法以达到更好的效果。

G 橡皮

橡皮用于在铺色马克笔之前擦拭彩铅，可切开使用。

用于起稿：起稿完成之后可用橡皮擦出亮面及高光区域。

H 纸巾

可用于彩铅起稿后，擦拭暗部，以让画面更加整体。

I 布料

在进行快速绘制的时候可放于纸张下面，用彩铅快速用力地排线使纸张出现布料纹理。注意应选择纹理脉络较清晰的布料。

J 修改液

用于画面后期点缀、高光的处理，以及质感强调。

K 酒精

在完成马克笔铺设后可用于画面氛围的营造以及面料的前期刻画。

L 棉签

棉签可蘸酒精或颜料在画面中点缀，以及进行色调的铺设。

M 纸张

不同纸张的选用对马克笔的效果有很大的影响，使用光滑的纸张可更好地体现马克笔的笔触。其他的纸张在使用前应先了解其光滑程度以及吸水量，进而产生截然不同的效果。

## 二、绘画工具的尝试与技巧注解

● 同一色号不同力度（由轻到重）的深浅表现

● 同一色号相互叠加，重叠的部分颜色加深

● 同一色号的明度渐变

● 中明度不同色号的叠加，底色灰色叠加蓝色，叠加部分会透出灰蓝色调

● 底色蓝色叠加灰色，叠加部分会透出蓝灰色调

● 中明度不同色号的渐变融合。在第一色号未干前快速叠加第二色号

● 低明度不同色号的叠加，底色深灰色叠加深蓝色

● 底色深蓝色叠加深灰色

● 低明度颜色的融合过渡。快速排线衔接

● 中明度色号与低明度色号的叠加，浅灰色叠加深蓝色，重叠部分覆盖

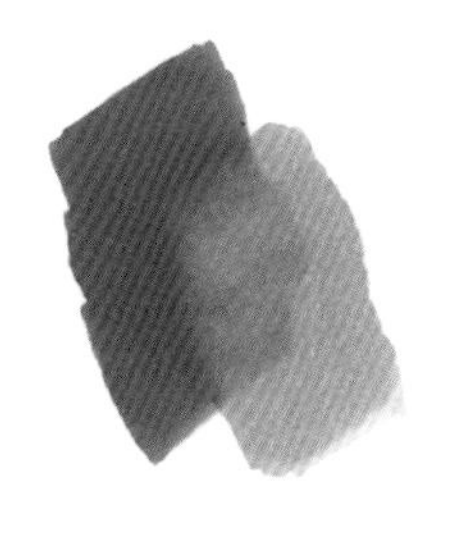

● 深蓝色叠加浅灰色，叠加部分深蓝色的颜料，部分溶化

● 中明度色号与低明度色号的衔接过渡。先深色后叠加浅色，利用颜料相互融合产生自然的过渡效果

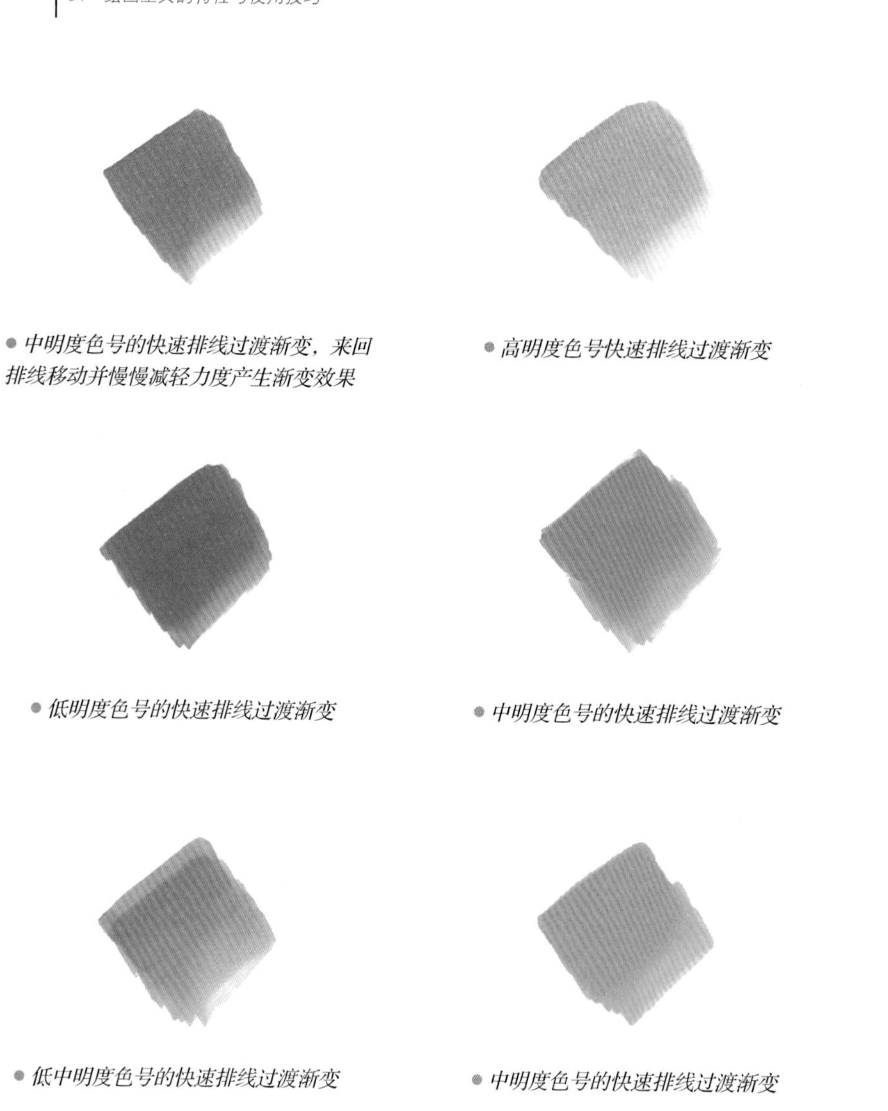

● 中明度色号的快速排线过渡渐变，来回排线移动并慢慢减轻力度产生渐变效果

● 高明度色号快速排线过渡渐变

● 高明度与低明度的同色渐变，先深色后浅色快速叠加

● 低明度色号的快速排线过渡渐变

● 中明度色号的快速排线过渡渐变

● 同类色的渐变融合，先深色后浅色，下笔迅速，衔接处力度放轻

● 低中明度色号的快速排线过渡渐变

● 中明度色号的快速排线过渡渐变

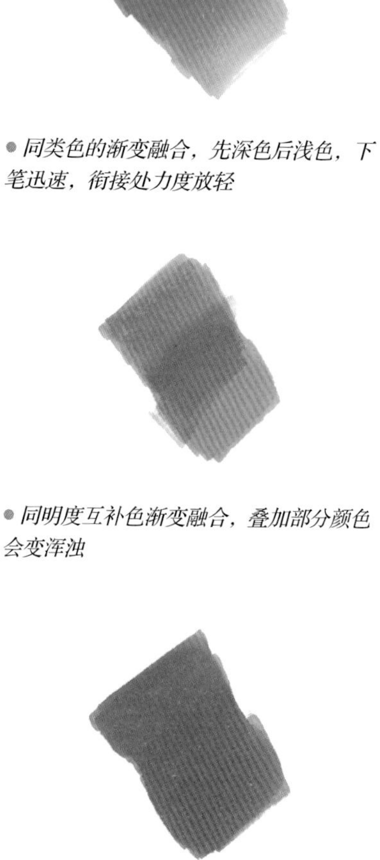

● 同明度互补色渐变融合，叠加部分颜色会变浑浊

● 低明度色号的快速排线过渡渐变

● 中明度色号的快速排线过渡渐变

● 同明度对比色渐变融合，叠加部分过渡自然

※ 不同颜色的混合使用，要注意冷色和暖色以及互补色的混色会产生浑浊的颜色，不同颜色的过渡与衔接应注意衔接处的处理，要尽量减轻笔尖的力度以及下笔速度。

● 低明度色号的快速排线过渡渐变色块

● 修正液在色块上的点缀效果，强调边缘，加强立体感

● 高光笔色块上的刻画，用黑色彩铅强调

● 高明度色号的快速排线过渡渐变色块

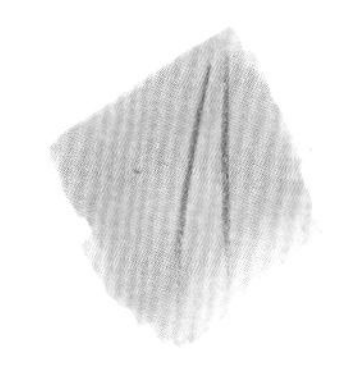

● 在色块上用黑色彩铅确定轮廓线

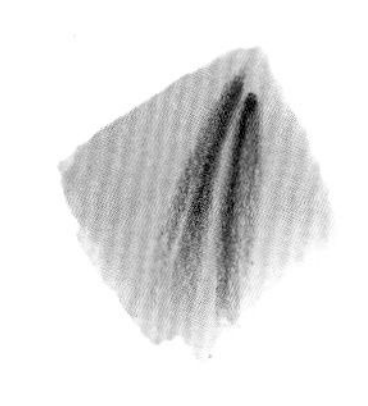

● 用黑色彩铅进一步加深刻画细节

● 低明度色号的快速排线过渡渐变色块

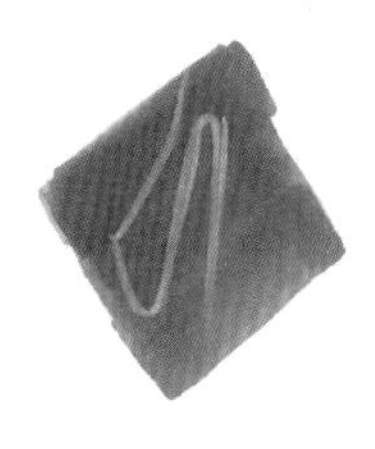

● 在色块上用白色彩铅确定轮廓线

● 用白色彩铅进一步提亮刻画细节

● 中明度色号过渡渐变

● 黑色彩铅的排线过渡渐变

● 黑色彩铅叠加在色块上使过渡更加自然

● 彩铅线条与调子

● 高明度马克笔色块

● 马克笔叠加在彩铅线条与调子上，此时彩铅不可修改，可再用彩铅覆盖刻画

● 彩铅线条

● 彩铅侧锋明暗调子

● 用橡皮擦出高光，可在覆盖马克笔前修改刻画

● 低明度马克笔色块

● 酒精滴在马克笔色块上产生溶化的效果

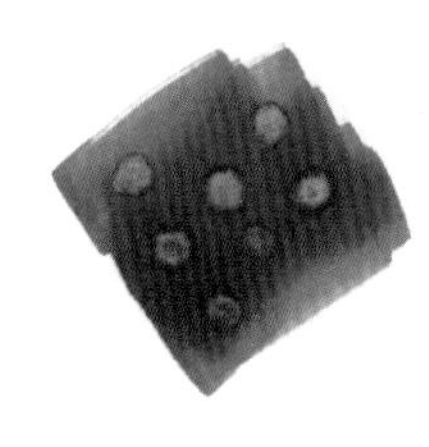

● 用棉签蘸酒精在马克笔色块上点缀的效果

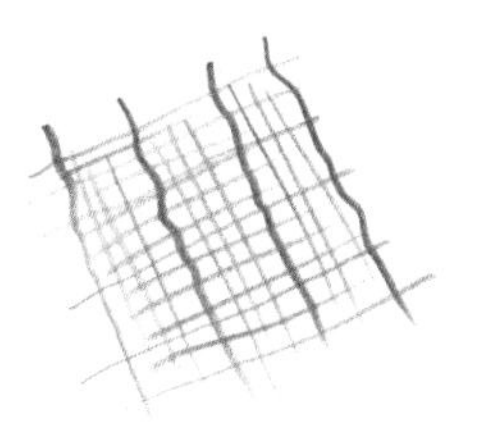

● 肌理清晰的布料

● 彩铅快速排线

● 将布料放置在纸张下，彩铅快速用力地在纸上排线出现的布纹肌理

● 马克笔的渐变线条，笔头较用力，收笔逐渐放轻力度，下笔收笔迅速

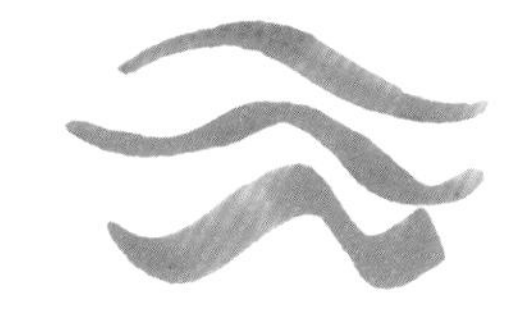

● 粗细渐变线条，宽笔头在旋转运笔过程中产生

● 细笔头的快速排线

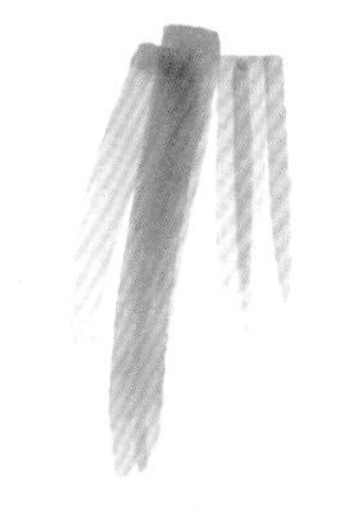

● 宽笔头的渐变线条叠加

● 继续叠加加强明暗关系

● 在此基础上用细笔头叠加线条

● 马克笔宽笔头放置在纸面后，快速竖向拖拽笔头产生的点的效果

● 宽笔头放置在纸面上拖拽产生的长点的效果

● 宽笔头放置在纸面上后，快速横向拖拽产生的点的效果

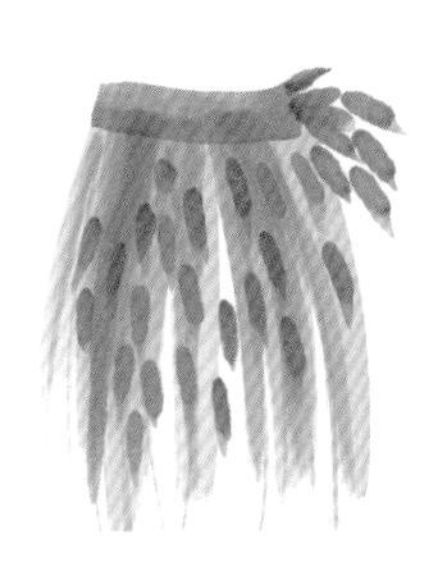

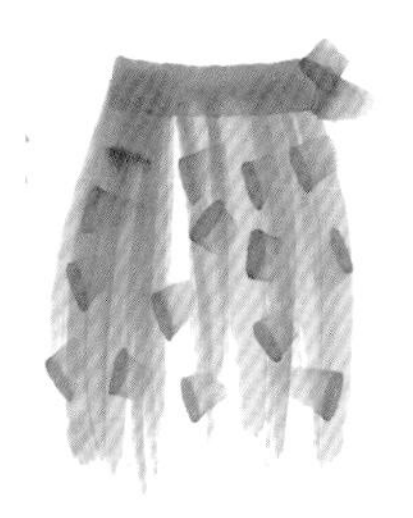

● 马克笔 3 种不同的点在色块上的点缀效果

※ 关于马克笔的运用需要长时间磨合。先从排线开始，然后进行过渡的练习与尝试。在练习的过程中多注意力度和速度的把握。

# 02

## 人体比例与分析

在时装画的表现中，人体的绘制表现至关重要。
人体是时装的载体，在时装画当中会刻意地优化人体比例，并简化人体曲线，以更完美简洁的姿态来展现时装。在绘制时装画之前需要详细推敲人体结构及动态与时装之间的关系，最好的办法是多画草图。

本章的重点在于分析绘制人体和局部比例动态以及关键点。时装画中的人体是简化、优化后的艺用人体解剖表现，这要求我们对艺用人体解剖有相当深入的了解，读者可参考专业书籍并多加练习。人体的表现手法是多样性的，我们需要找到适合自己的表达方式，然后以准确生动的比例及动态绘制出来。

## 一、人体比例解析

时装画中人体的度量可视为理想化的比例，我们一般在脖子及小腿处做适当拉长处理以展现视觉上更为完美的整体比例。以头部高度为一个单位，为了能较为准确地反映时装的尺度，我们将身高设定为 9 ~ 10 个单位的高度。但男女人体比例有所差异，所以请大家注意以下几点：

（1）男性脖子较为粗壮，女性脖子较为纤细。

（2）男性肩部较宽，女性肩部相对较窄。

（3）男性腰身较粗，女性腰身纤细且较长。

（4）男性手腕粗，臀部小；女性手腕细，臀部丰满。

（5）男性腰线及胯部相对女性略低。

（6）男性大腿较粗，女性大腿较为纤细。

（7）男性脚踝较粗，女性脚踝较细。

（8）男性肌肉硬朗突出，女性肌肉略柔和。

（9）男性动态幅度较大，肘部远离躯体，臀部扭动幅度较小；女性动态幅度较小，肘部较靠近躯体，臀部扭动幅度较大。

## 1. 女性人体比例（图 2–1）

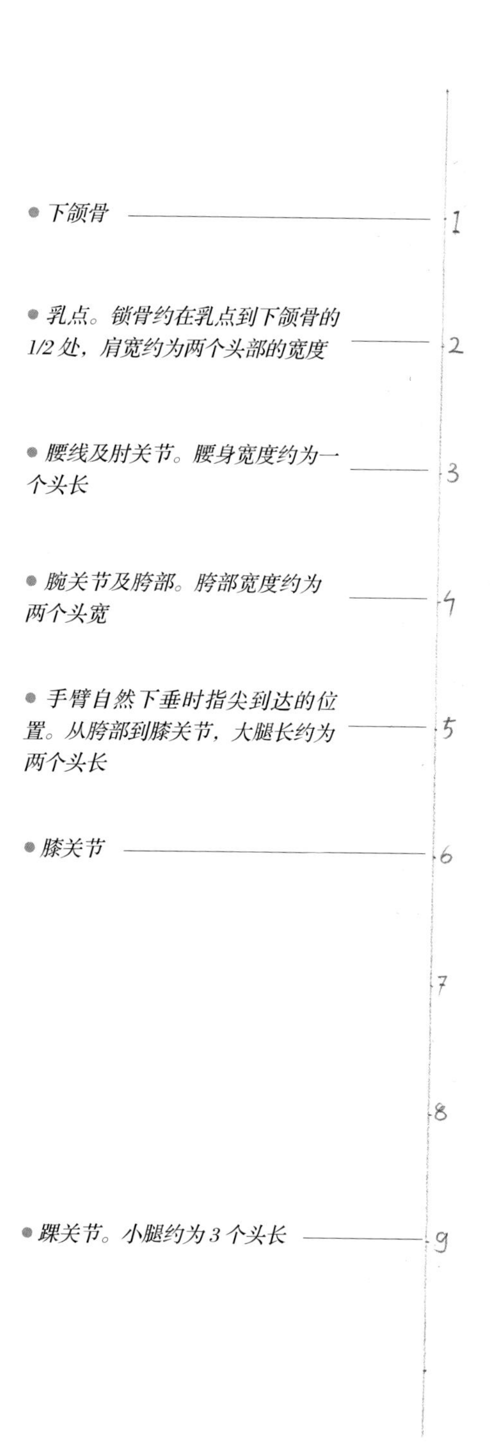


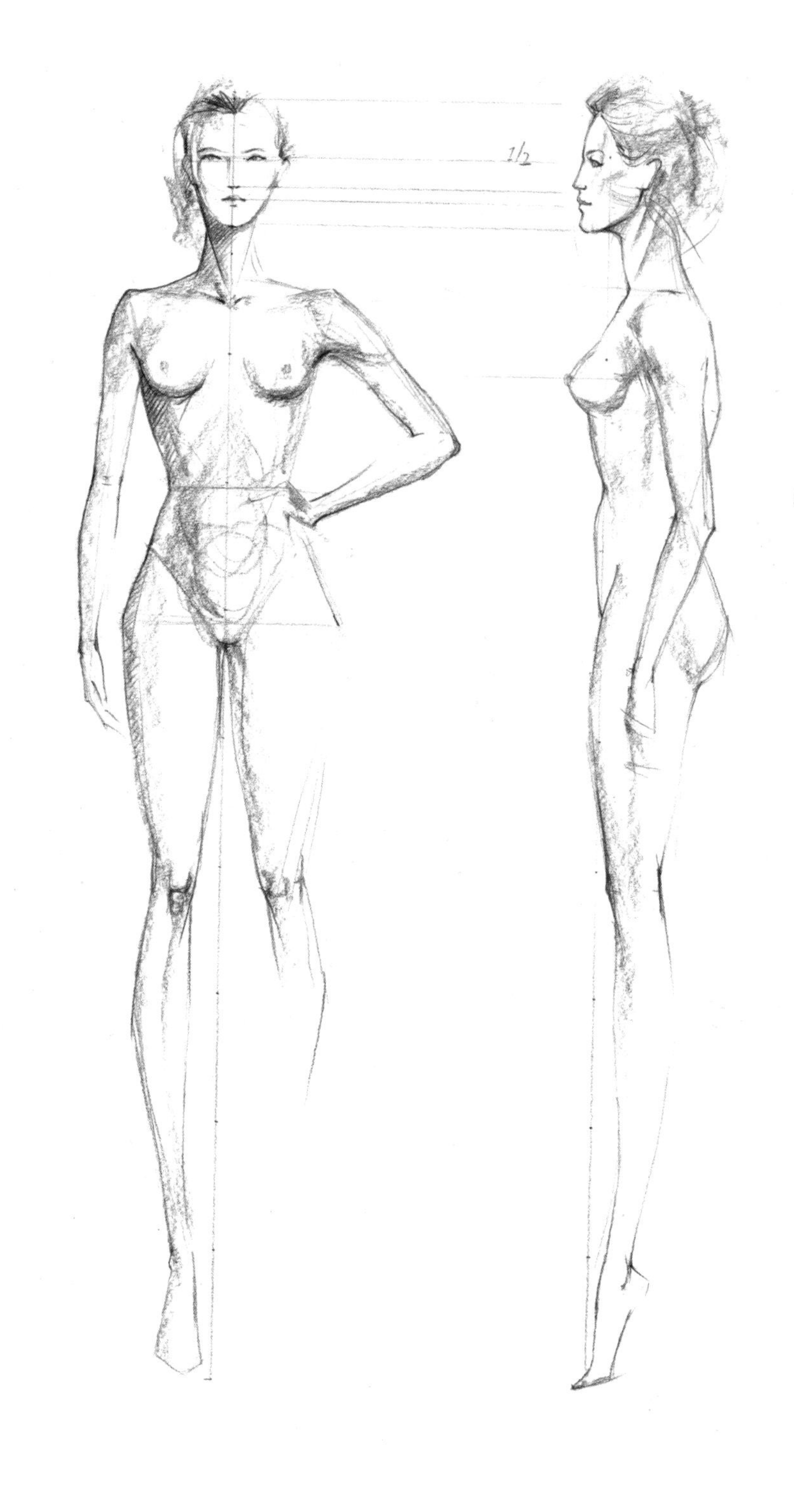


图 2–1　女性人体比例

## 2. 男性人体比例（图 2-2）

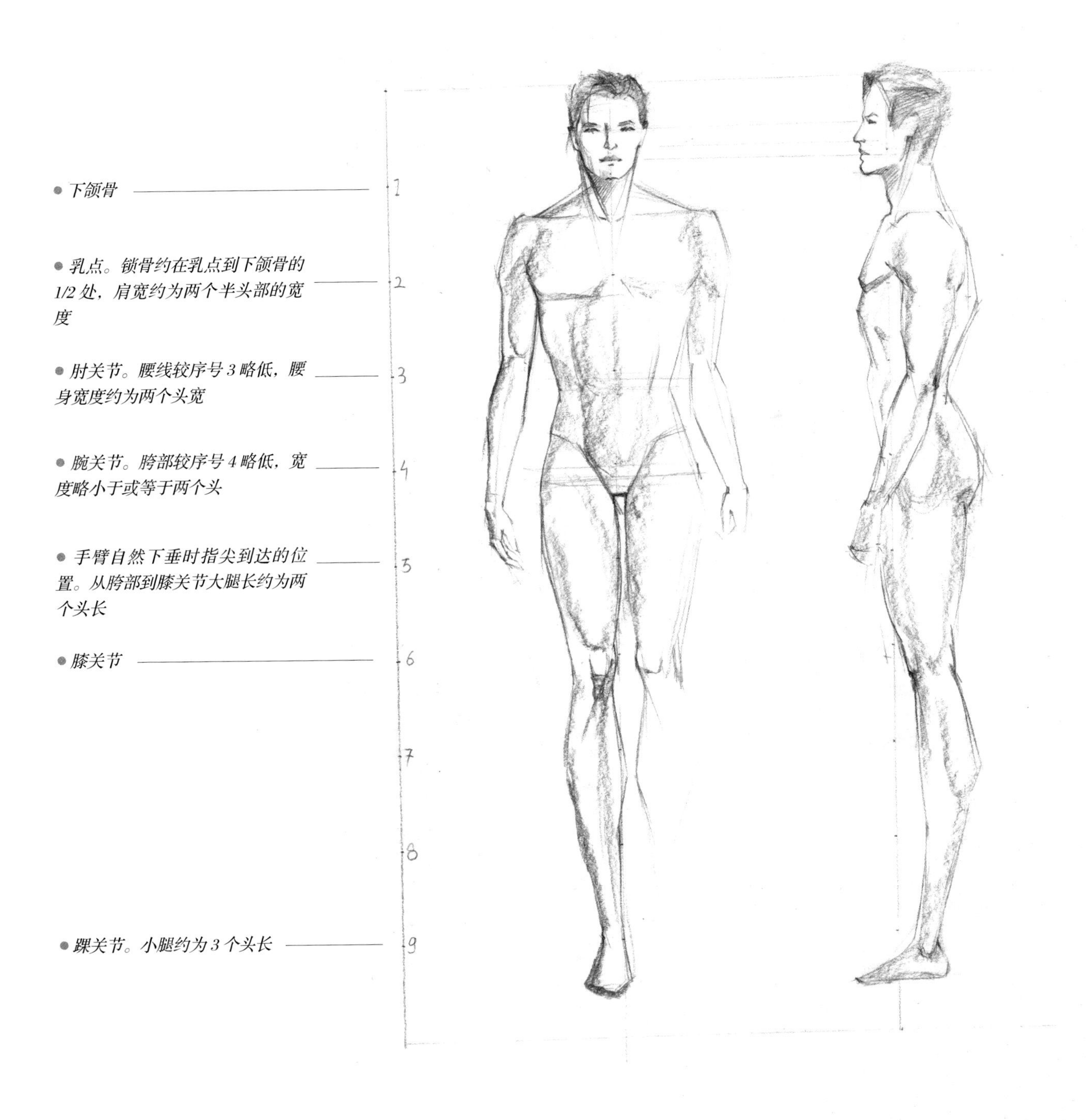


图 2-2　男性人体比例

### 3. 简化的人体

简化的人体有助于我们更直观地理解人体各部位的关系。图 2–3~ 图 2–6 中展现了各个角度，以及从静止到运动状态的人体从几何形到几何体的转变。我们在继续深入绘制人体时就是将几何体复杂化的过程，即添加肌肉和骨点，让人体生动起来，同时，牢记人体是由曲线组成的。要准确生动地绘制出人体结构比例需要一个漫长的过程，要求我们对艺用人体解剖知识有深入的理解，并经过长时间的练习。

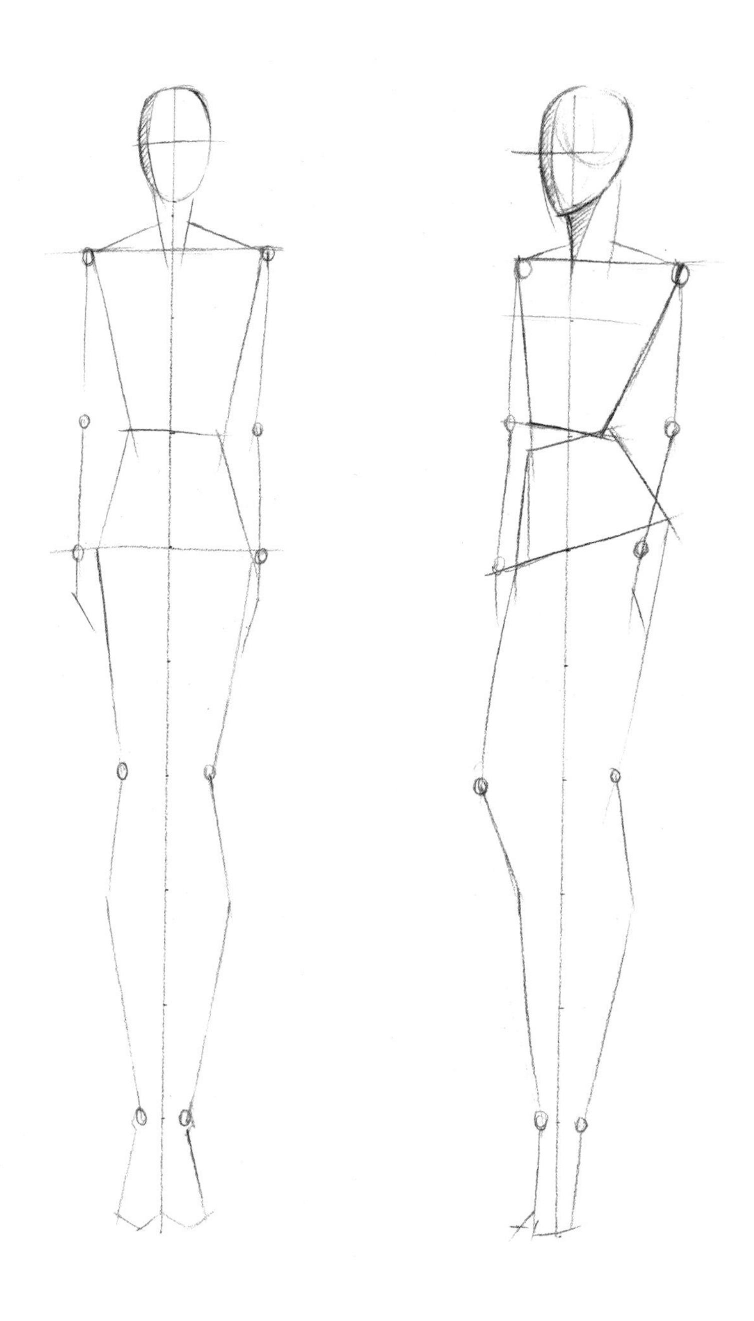

图 2–3 简化的静止人体正面与转体之一

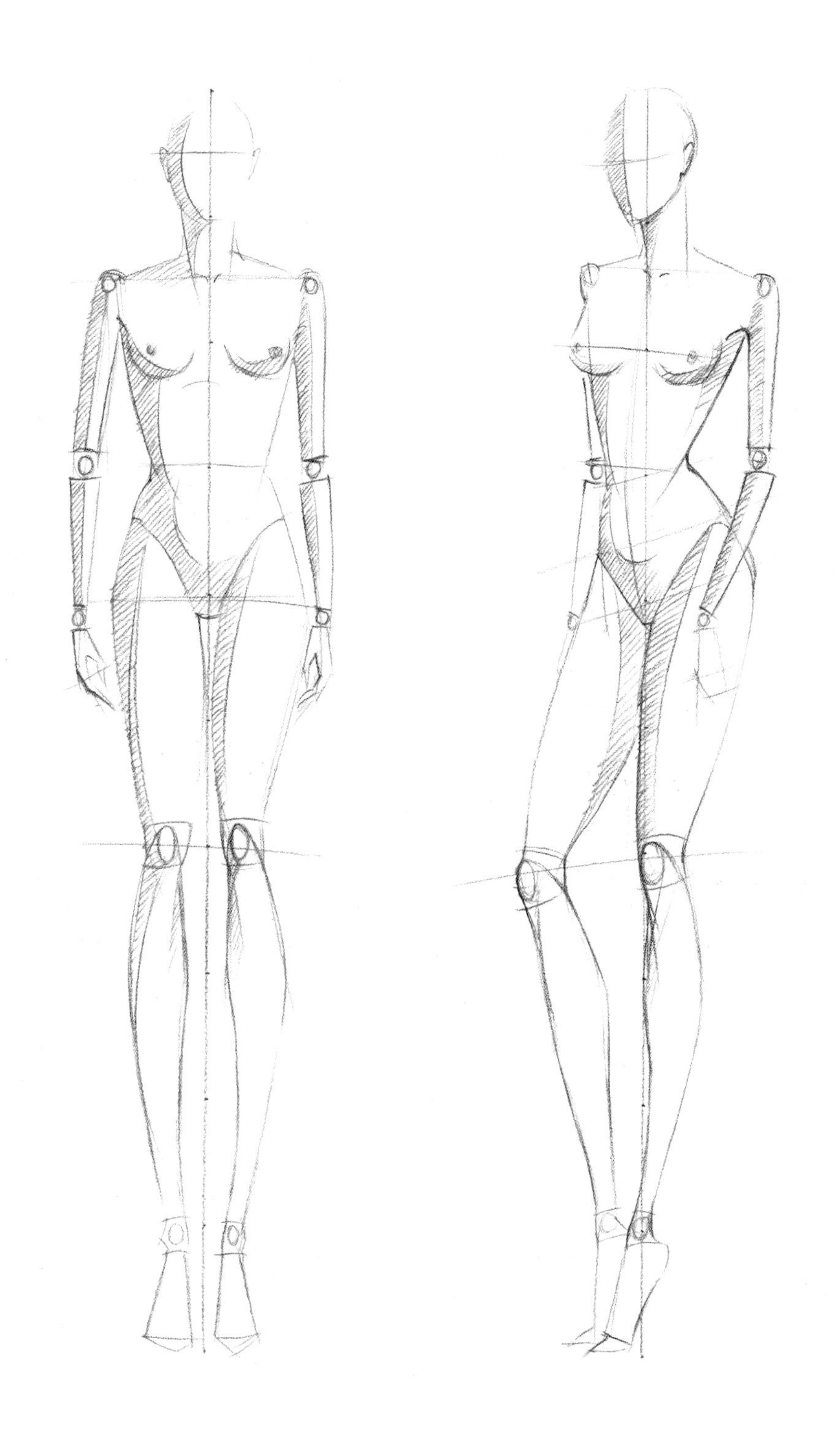

图 2-4　简化的静止人体正面与转体之二

图 2-5 简化的静止人体侧面

图 2-6　简化的运动人体正面

## 二、人体局部解析与画法

### 1. 头部与五官的画法解析

我们观察头骨的时候应当从几何体的角度出发，所以画头部时可以先从椭圆形开始绘制，确定好头部的中心线——这决定了头部的左右转向，接着确定横向的中心线。位于眼睛位置的中心线决定着头部的上下转向，即仰视或者俯视。根据这两条中心线我们大致可以确定头部几何体的形态。

在确定了中心线之后，我们可以以此为基础确定其他部位的大致位置，在初步刻画完成五官及其他细节后再确定头部及脸部轮廓线。记住无论是画人体结构还是时装画，我们都应遵循由内向外画的顺序，即先画骨骼再画肌肉及五官，接着画衣服的结构，再刻画衣服的质感。

头部与五官解析：

①头部正面的长宽比约为 3 ∶ 2，画头部侧面的时候要注意后脑勺的位置。

②眼睛的刻画在时装画绘制中非常重要，眼睛的神态和人体的动态往往决定了时装画的情绪基调以及风格。眼睛位于头部 1/2 处，在此位置上两眼之间约为一只眼睛的宽度，两眼之外至耳朵约为一只眼睛的长度。在画眼睛的时候要时刻注意眼睛是球体，特别是在画侧面的时候，注意眼睛球体的轴线及透视变化。进一步刻画的时候注意外眼角与内眼角的位置关系以及上眼睑和下眼睑的转折关系，最后刻画瞳孔以及妆容。

③通常情况下，鼻子在时装画绘制中不需要太刻意的描画，正面确定好鼻子的位置，即位于眼睛中心线到下颌骨的 1/2 处，再稍加阴影即可。需要注意的是，表现男性鼻子时可略微强调鼻梁。鼻子的宽度约等于一个眼睛的宽度。在刻画鼻子的时候要注意鼻梁与鼻翼的转折与透视关系。

④嘴是脸部情绪体现的一个重要部位，我们在时装画表现中往往会着重强调眼睛和嘴的状态以更好地表达人物情绪。嘴位于鼻底到下颌骨的 1/2 处，几何形体为半圆柱体，透视关系及画法与眼睛类似。在刻画嘴的时候要强调嘴角的凹痕，并注意上下唇的转折关系。

⑤耳朵的处理方式跟鼻子类似，不需要刻意强调。耳朵的高度约为眼睫线到鼻底的距离，画侧脸的时候注意抬头与低头时耳朵的透视变化。

⑥最后确定发际线的位置，即眉毛至头顶的 2/3 处。绘制头发的时候应该从几何体的块面入手，注意头发的厚度及转折，最后添加高光及发丝。

参考图例见图 2-7~ 图 2-10。

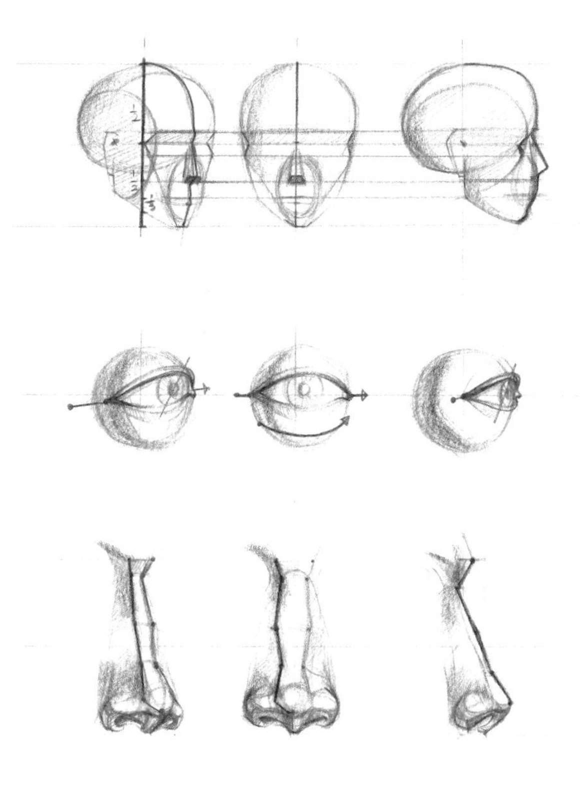

图 2-7　头部与五官表现之一

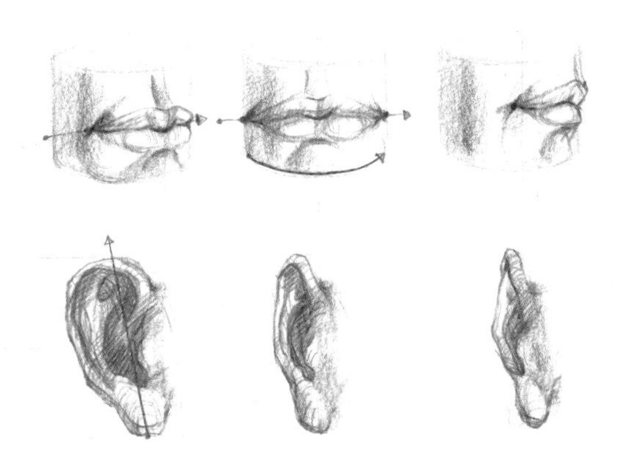

图 2-8　头部与五官表现之二

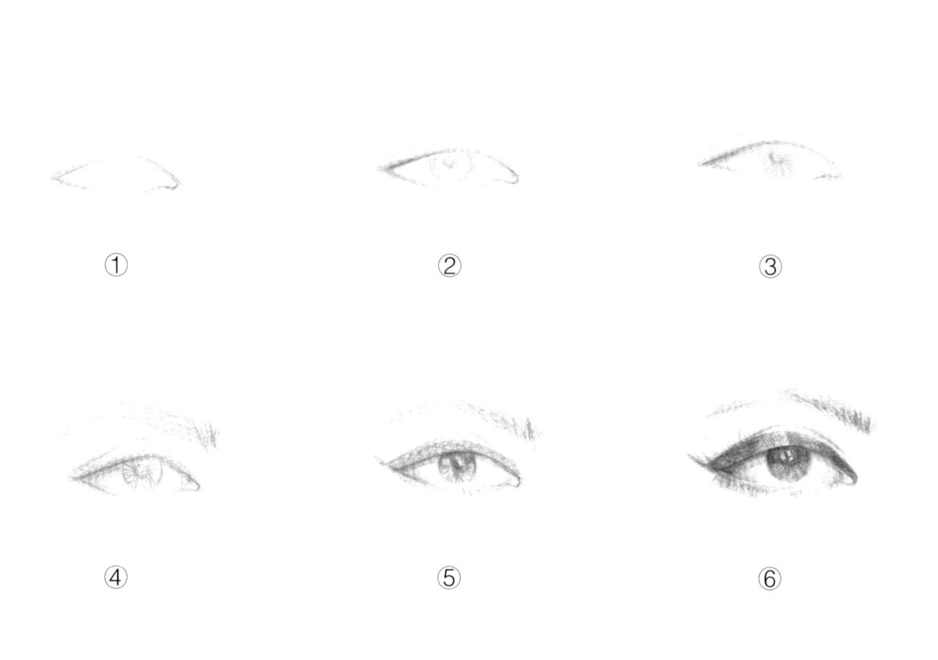


①画出橄榄形
②确定眼球及瞳孔的位置
③进一步强调上眼睑的阴影和厚度，以及眼角的位置
④画出眉毛大体形态，刻画眼球
⑤刻画上下眼睑及眼球，注意厚度。初步确定妆容
⑥完成瞳孔的刻画，刻画妆容以及眼睫毛等细节，最后完成眉毛刻画。注意各部位的高光

图 2–9　眼睛的表现

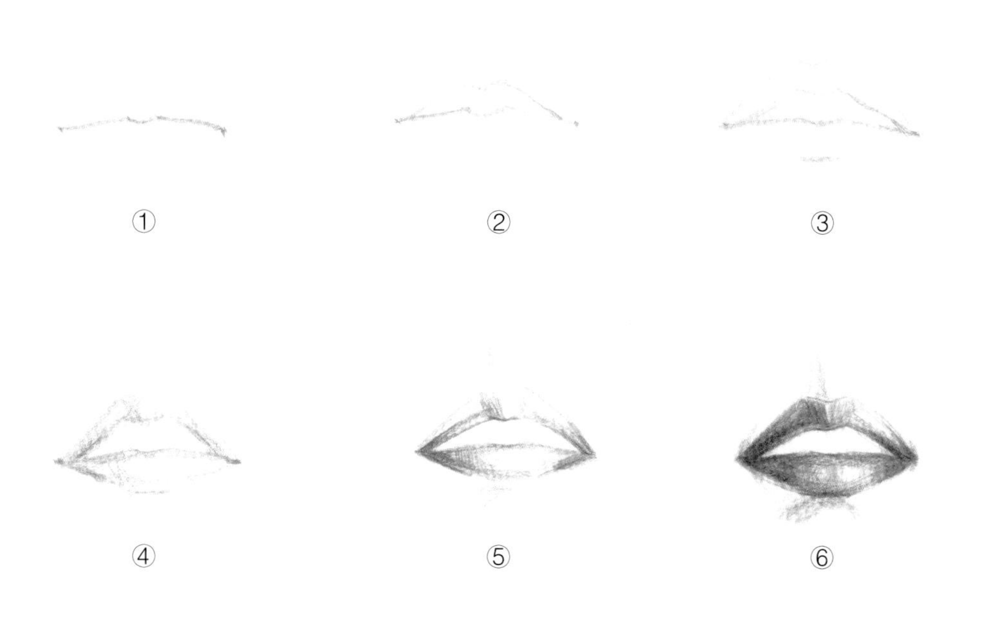


①确定嘴角与唇裂线
②轻轻画出上唇
③用轻微阴影的形式确定下唇
④画出上下唇的基本调子，强调嘴角
⑤继续加深上下唇调子，刻画出嘴唇的厚度
⑥继续加强嘴角以及阴影，留出高光的位置

图 2–10　嘴的表现

## 2. 躯干与四肢的画法解析

（1）胸腔与锁骨／肩胛骨的关系。

在简化的几何形人体中，肩胛骨、锁骨以及胸腔构成了我们所看到的倒梯形。图 2–11 展示了胸腔的画法。

锁骨略呈“～”形弯曲，位于胸腔上方、颈部下方两旁，对称布置，外端联结肩胛骨。在时装画中可以根据锁骨的位置确定人物动态的方向，也是女性体姿优雅的一个重要特征。

肩胛骨是位于胸腔约 1/2 处的两片倒三角形的骨头，与锁骨末端联结，它们是构成后背造型的重要部分。

锁骨与肩胛骨在胸腔上方形成一个环状，显示出胸腔的顶面与侧面。注意肩胛骨在胸腔背面和顶面的转折关系主要体现在肩胛冈处，上面覆盖厚实的斜方肌。在肩胛冈与锁骨联结处是肩峰，肩峰是体现肩部外形与动态的重要部位。

在时装画中，上身躯干强调的部位包括锁骨、从耳后延伸至锁骨的胸锁乳突肌、肩胛骨，以及肩峰和斜方肌。在绘制好这些部位后，人物上身躯干的转向、透视，以及动态大致可以确定。

（2）骨盆。

骨盆在简化的几何形人体中呈梯形，它的形态确定了人体下身肢体动态并与上身躯干的倒梯形形成平衡关系。

在骨盆的结构中包括左右两块髋骨，前侧由左右两块髋骨的耻骨相连接，成为耻骨联合。耻骨联合位于上身第 4 个头长处，即简化的几何形人体中骨盆梯形的下端，这是确定人体动态的重要部位。背侧与脊柱的骶骨两侧相连接。外侧的髋骨与股骨大头形成髋关节，外侧有大转子，形成腰部下方至大腿处的曲线的重要特征。在刻画骨盆的时候要注意用人体的转向和姿态来确定骨盆的透视关系，见图 2–12。

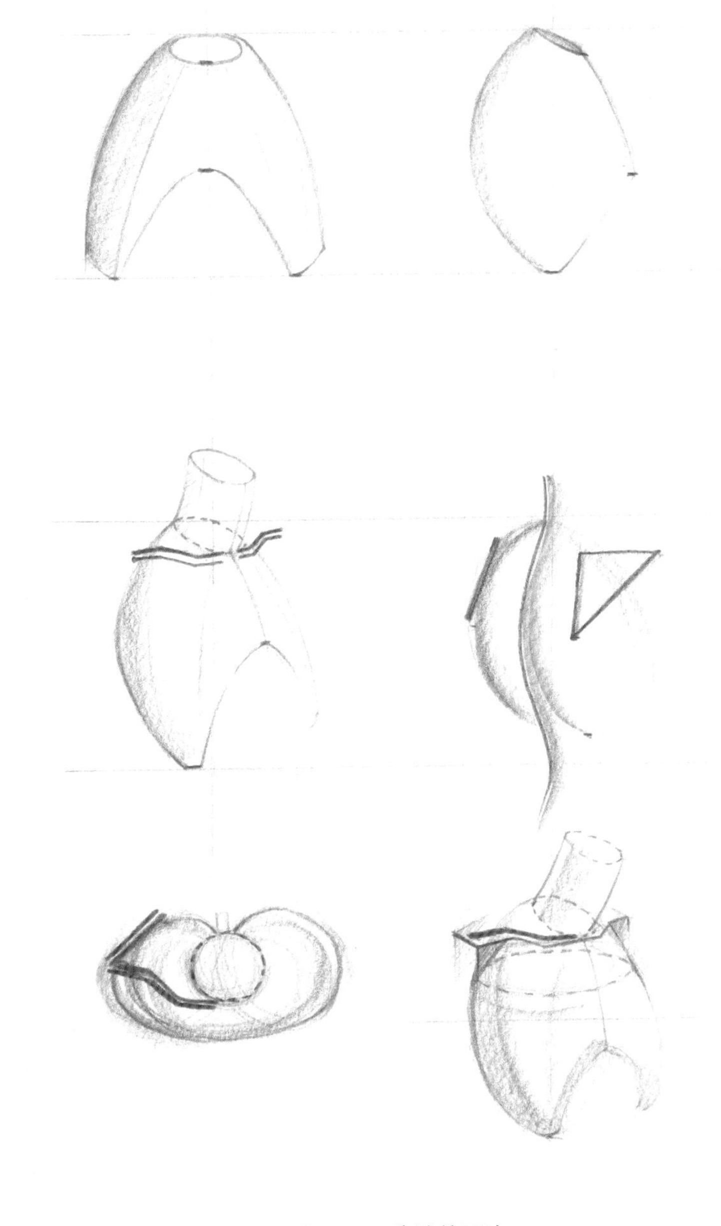

图 2–11　胸腔的画法

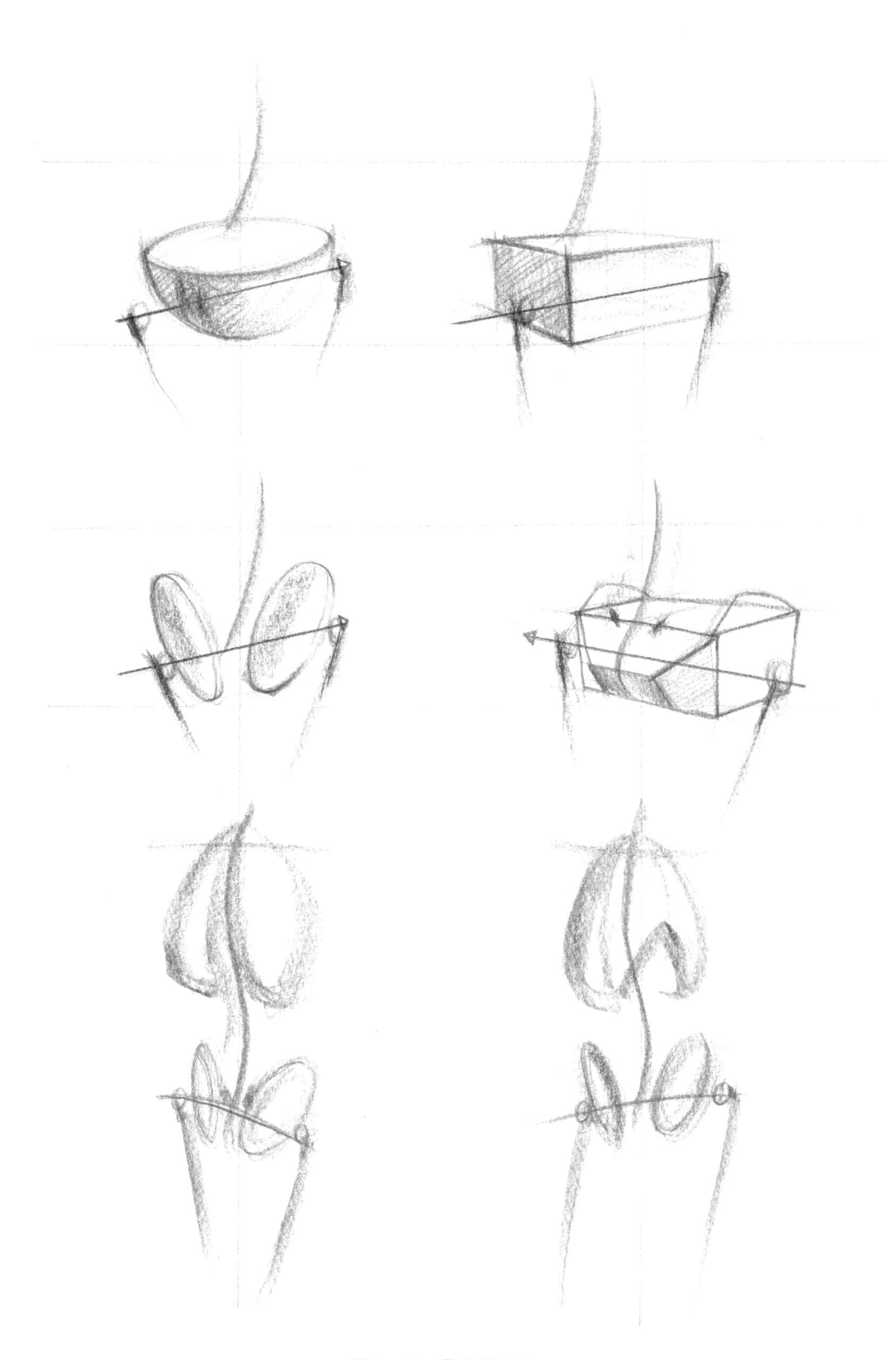

图 2-12　骨盆的画法

（3）手臂与手。

①手臂。

在刻画手臂的时候要注意几个部位：三角肌、肱二头肌、肱三头肌、肱桡肌和肘关节。

如图 2-13 所示，用几何形体连接形成手臂的简化形体，同时要注意圆柱体的透视转向，以及手臂与肩膀、手掌的连接关系。

②手。

在时装画中，手的表现是反映人物情绪与状态的关键点之一。想要画好一只手并不困难，但需要我们进行大量的练习，最好的办法是借助几何形体来理解手的构造，把握好手的各部位的比例、运动规则，并以自己的手为模型多多练习。图 2-14 展示了手的画法参考实例。

画手时应注意以下几点：

a. 用几何形体去概括理解手的各部位，手掌近似正方形，手指并拢后整个手掌的大小跟半边脸大小差不多。

b. 在手掌的方盒子上呈放射状延伸出手指，指关节呈弧形排列。注意拇指的运动方向跟其他 4 指不同，注意多观察手的活动状态。

c. 指骨微微呈弓形，注意不要画得太直。

d. 从正面看 5 根手指的排列呈扇形，所以画手的侧面时要特别注意透视关系。

e. 关节的处理需稍微强调（用方形）以明确结构部位，结合手部肌肉，用曲线表现出来。

f. 开始画时应先从大几何形入手，再结合透视慢慢深入刻画，切忌一下笔就局限于局部的刻画。

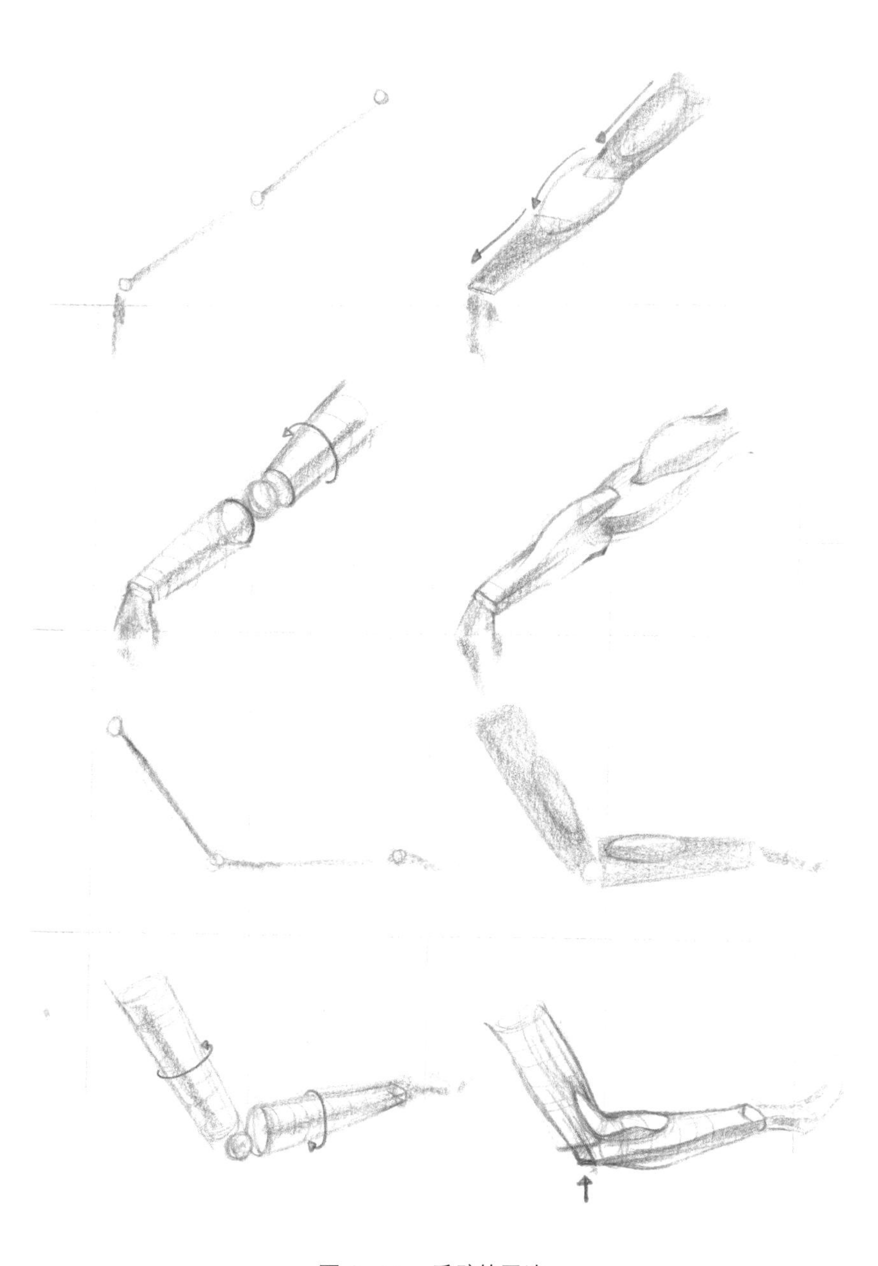

图 2-13　手臂的画法

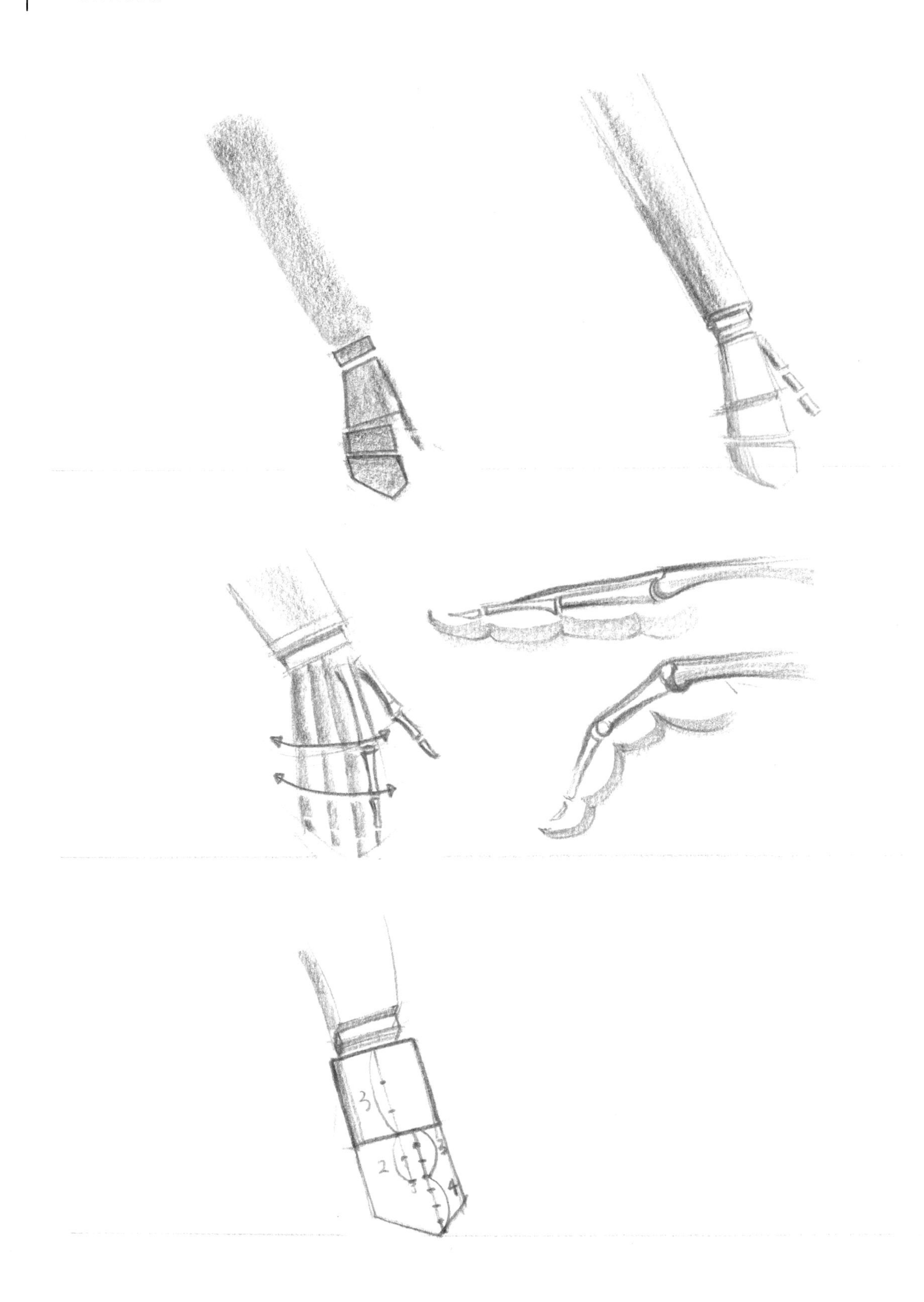

图 2-14 手的画法

(4) 腿部与脚部。

①腿部。

在表现腿时应注意以下几个部位：股外侧肌、缝匠肌、股内侧肌、膝关节（髌骨及膝盖韧带）、腓肠肌、比目鱼肌、腓骨（外脚踝）和胫骨（内脚踝）。

画腿部时可以先把腿部理解成两根通过球体连接的圆柱体的组合，再理解各个肌肉群以及骨骼对腿部外形的影响，并强调膝关节与踝关节。注意人体即使双腿并拢站直，腿部依然呈曲线而不是直线。

在表现弯曲的腿部（行走中抬起或坐姿）时应注意腿部的转向及透视变化。图 2–15 展示了腿部的画法参考实例。

②脚部。

脚部的形态可以理解为三角形。

在刻画脚部的时候需要注意脚趾（外侧略低于内侧）与脚弓及脚后跟的关系，脚趾的画法类似手指。切记脚部不要画平。图 2–16 展示了脚部的画法参考实例。

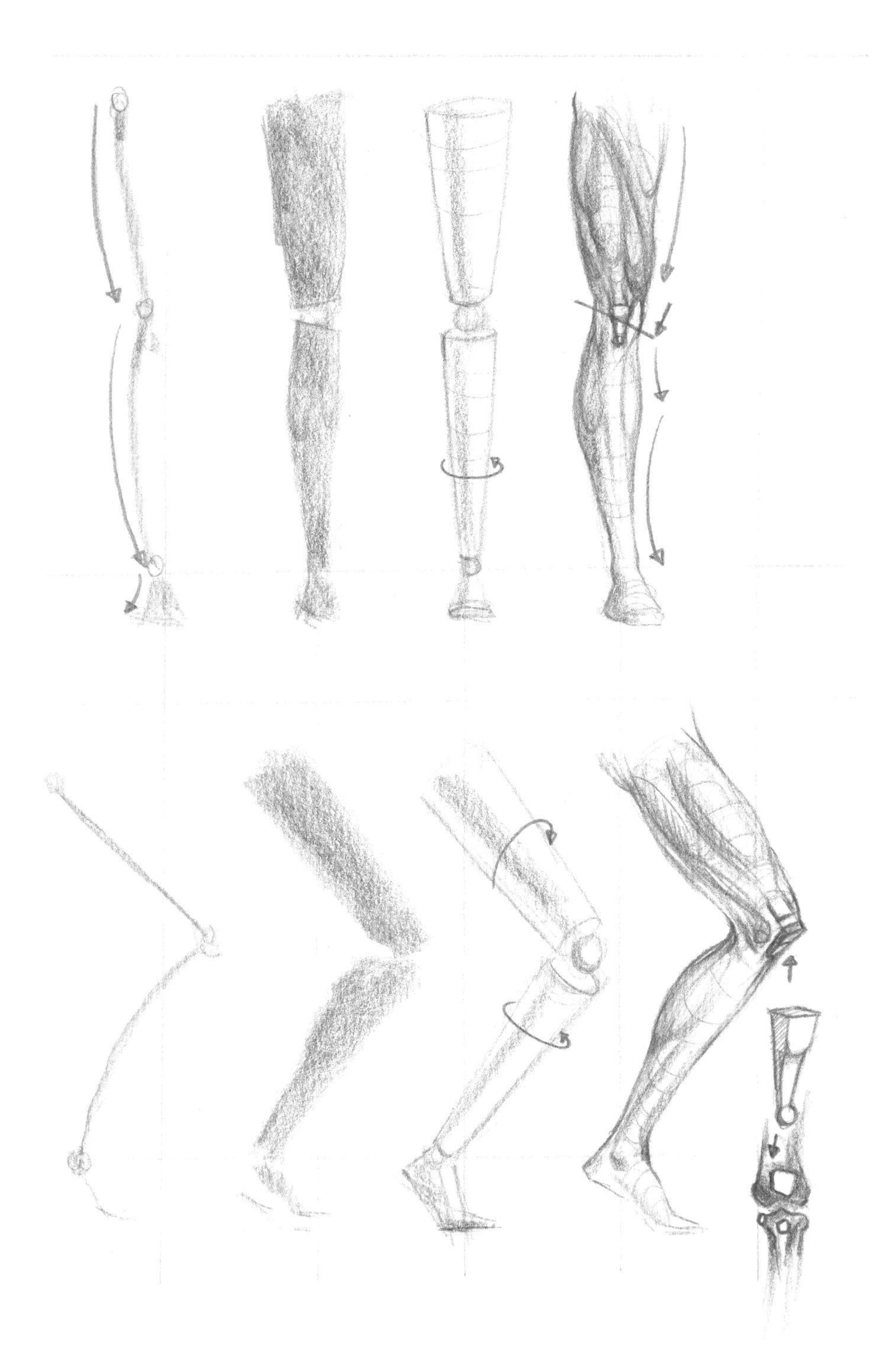

图 2–15　腿部的画法

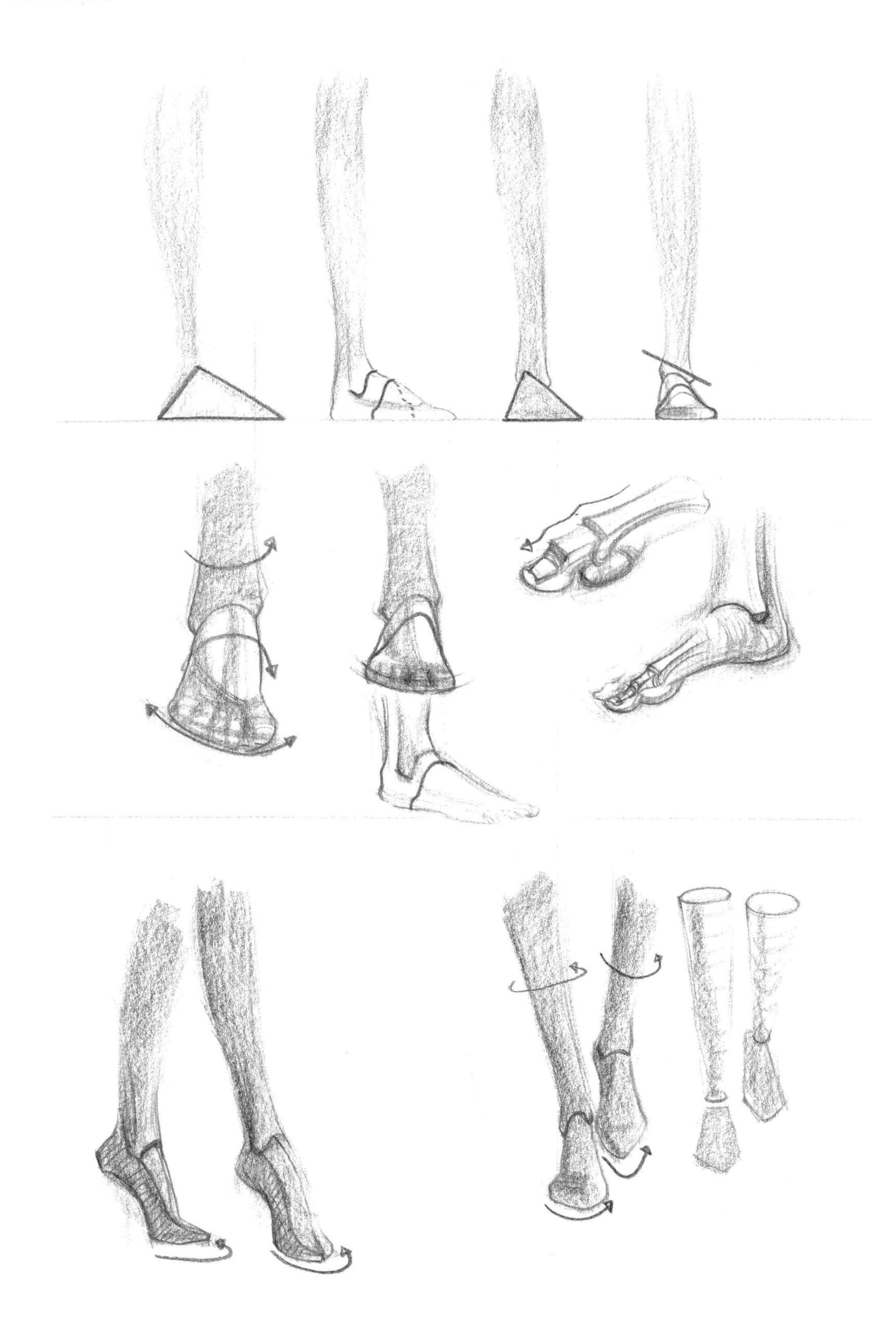

图 2–16 脚部的画法

## 三、人体动态韵律及不同的展现方式解析

### 1. 人体的动态韵律

在时装画表现中如何展现一个生动、和谐，并富有美感的人体姿态非常重要，一个富有韵律感的人体本身就具有出色的艺术观赏性。

韵律存在于大自然中，随处可见。洒落在叶子上的斑驳阳光，不停变化队形的飞鸟，甚至一块小石头都能展现出非凡的韵律节奏，韵律是形成形式美的重要因素。人体的韵律犹如奔腾的河流，有轻重缓急，又如山间的岩石峭壁，错落有致。人体的韵律由平衡、重心、动感构成，只有协调好整体才能产生犹如音乐般富有节奏的动态（图 2–17~ 图 2–19）。

图 2–17　人体的动态韵律之一

图 2-18 人体的动态韵律之二

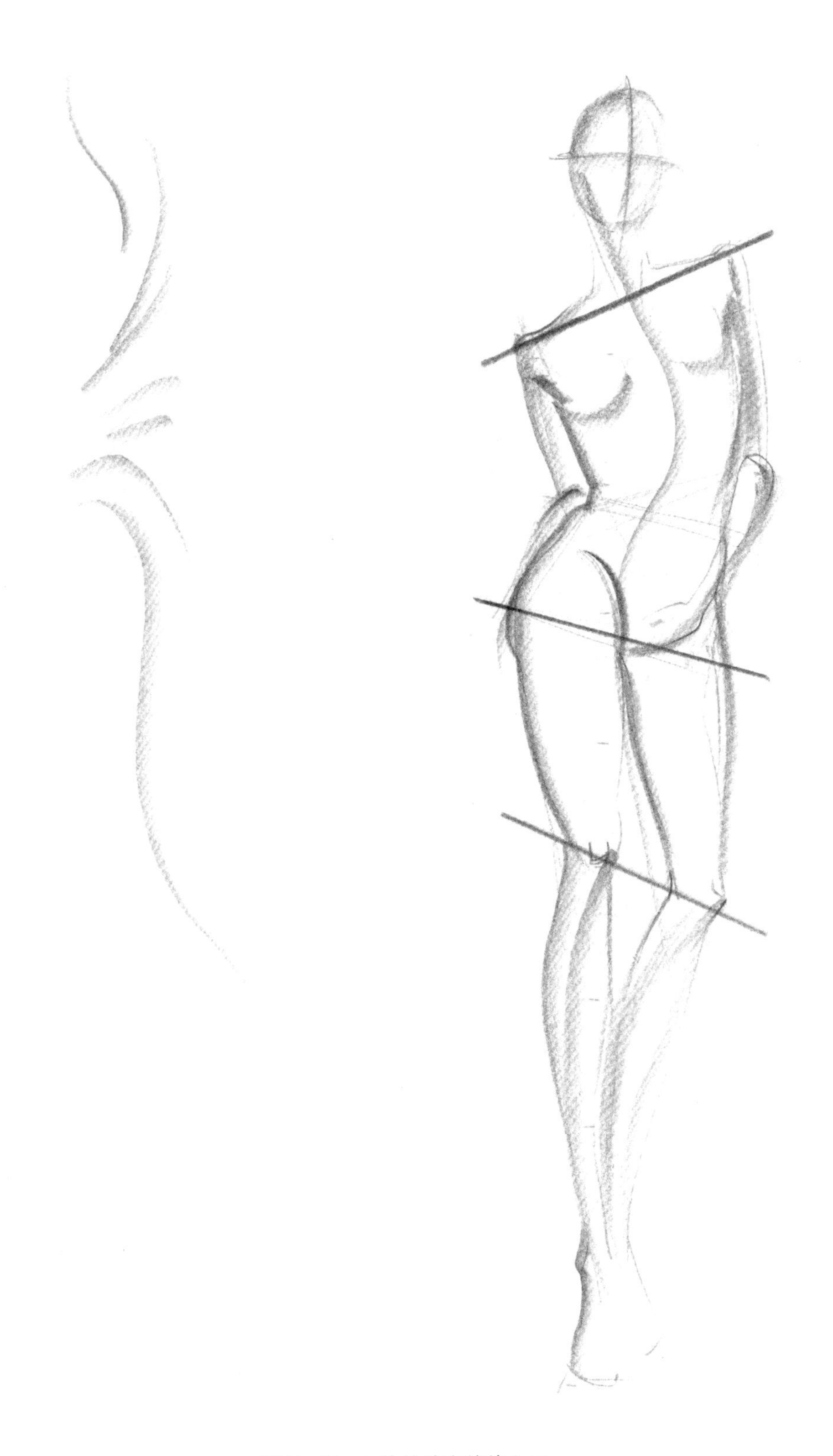

图 2-19　人体的动态韵律之三

### 2. 如何获得平衡

我们在时装画的绘制过程中要非常注意重心的位置。当人体单脚站立时，重心便落在站立的脚上；如果双脚同时分开站立，人体形成一个三角形，重心便落在两腿之间；走路时，当一只脚着地，另一只脚抬起时，受力的脚会使髋部提起并向不受力的另一只脚倾斜。由于髋部倾斜，上身躯干会自然地向受力一侧倾斜以保持平衡，此时，重心仍然落在受力的脚上，这时候的人体一侧收紧，另一侧放松，整个人体动态以 S 形呈现。

所以，在开始绘制时装画之前，需要先在纸上轻轻画一条经过颈窝的重心线及动态线，以保证最后完成的人体动态是平衡而生动的。

### 3. 人体姿态的展现方式

图 2-20~ 图 2-23 通过 4 种不同的、递进的方式来呈现两个不同的人体姿态，目的是为了使读者可以更好地观察和理解不同的表现方式所呈现的不同的人体姿态。

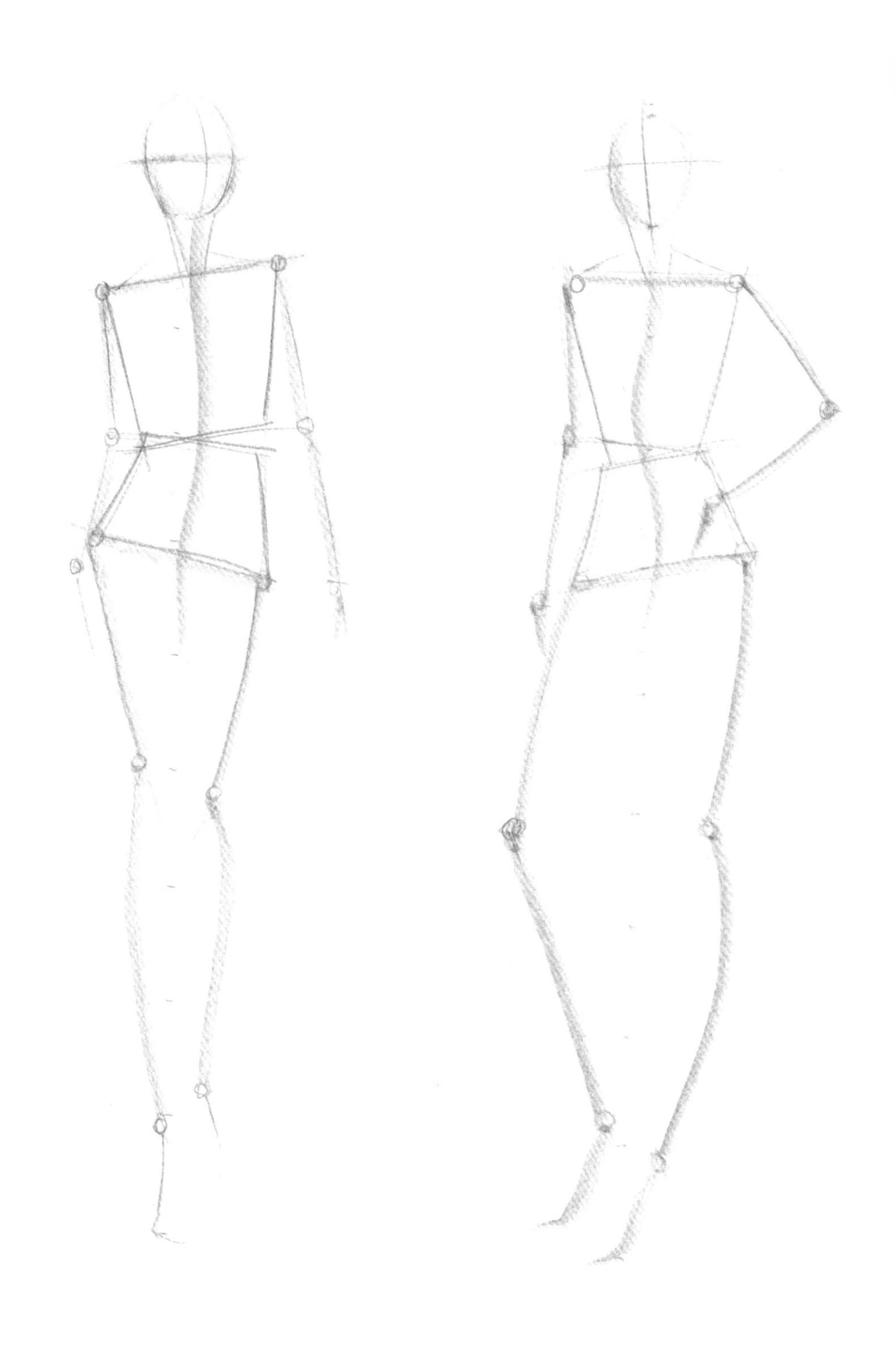

*由直线条和几何形构成，顺着动态线，练习两个梯形动态转换*

图 2-20 人体姿态的展示方式之一

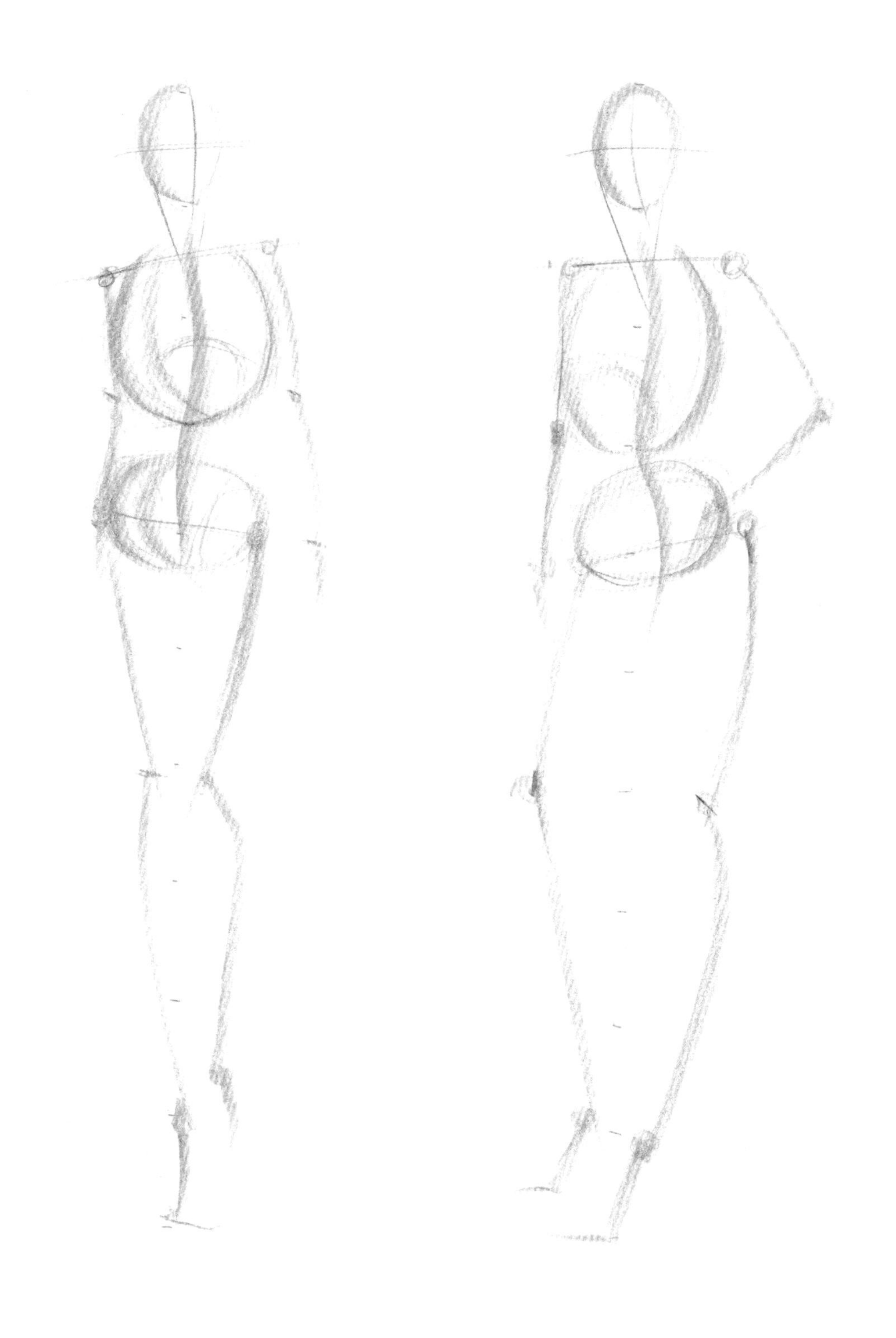

*以圆形代替两个梯形，更接近胸腔和骨盆的形态*

图 2-21　人体姿态的展示方式之二

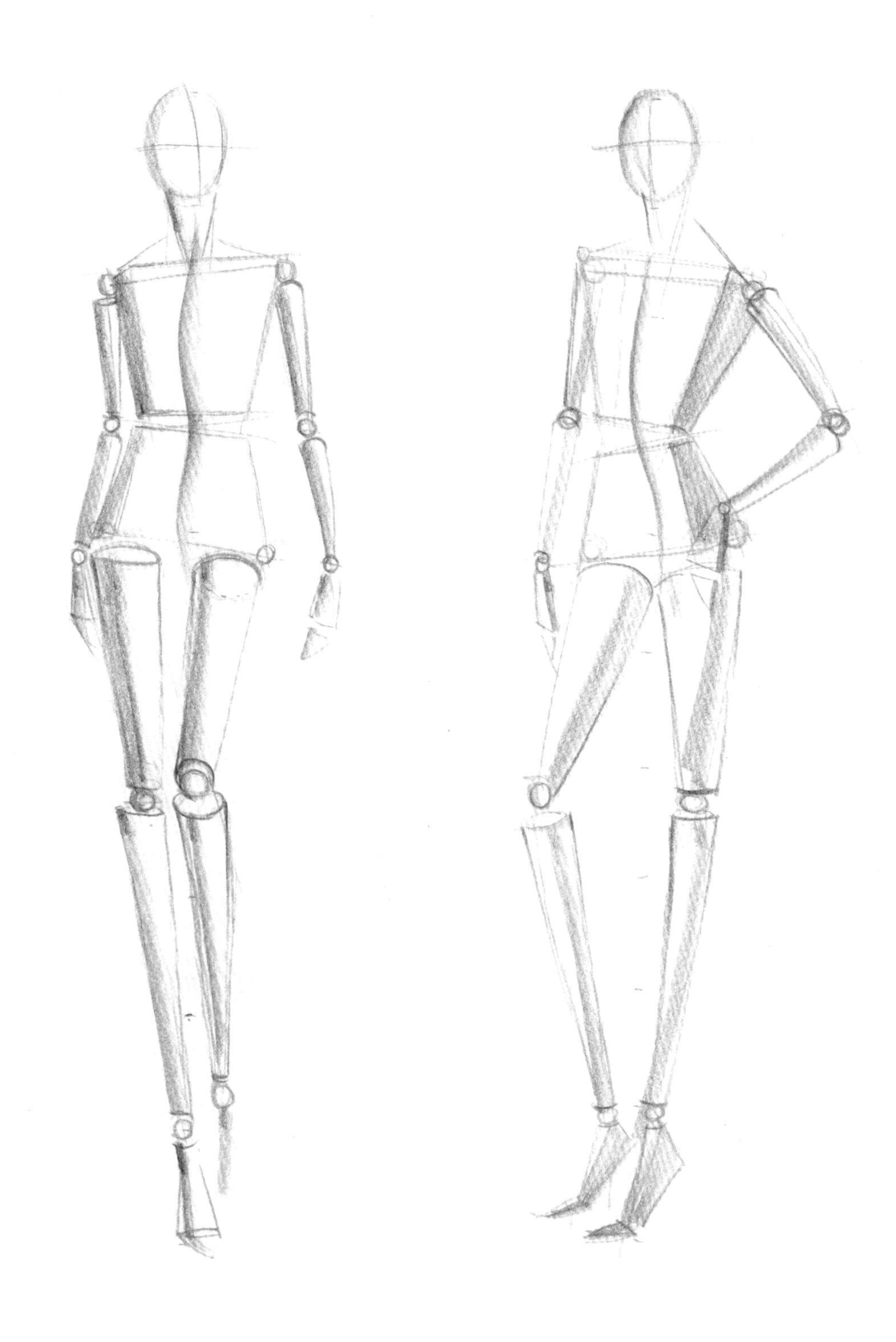

*由圆柱体和长方体组成，人体开始具有立体感，注意圆柱体及长方体的转向和透视变化*

图 2-22 人体姿态的展示方式之三

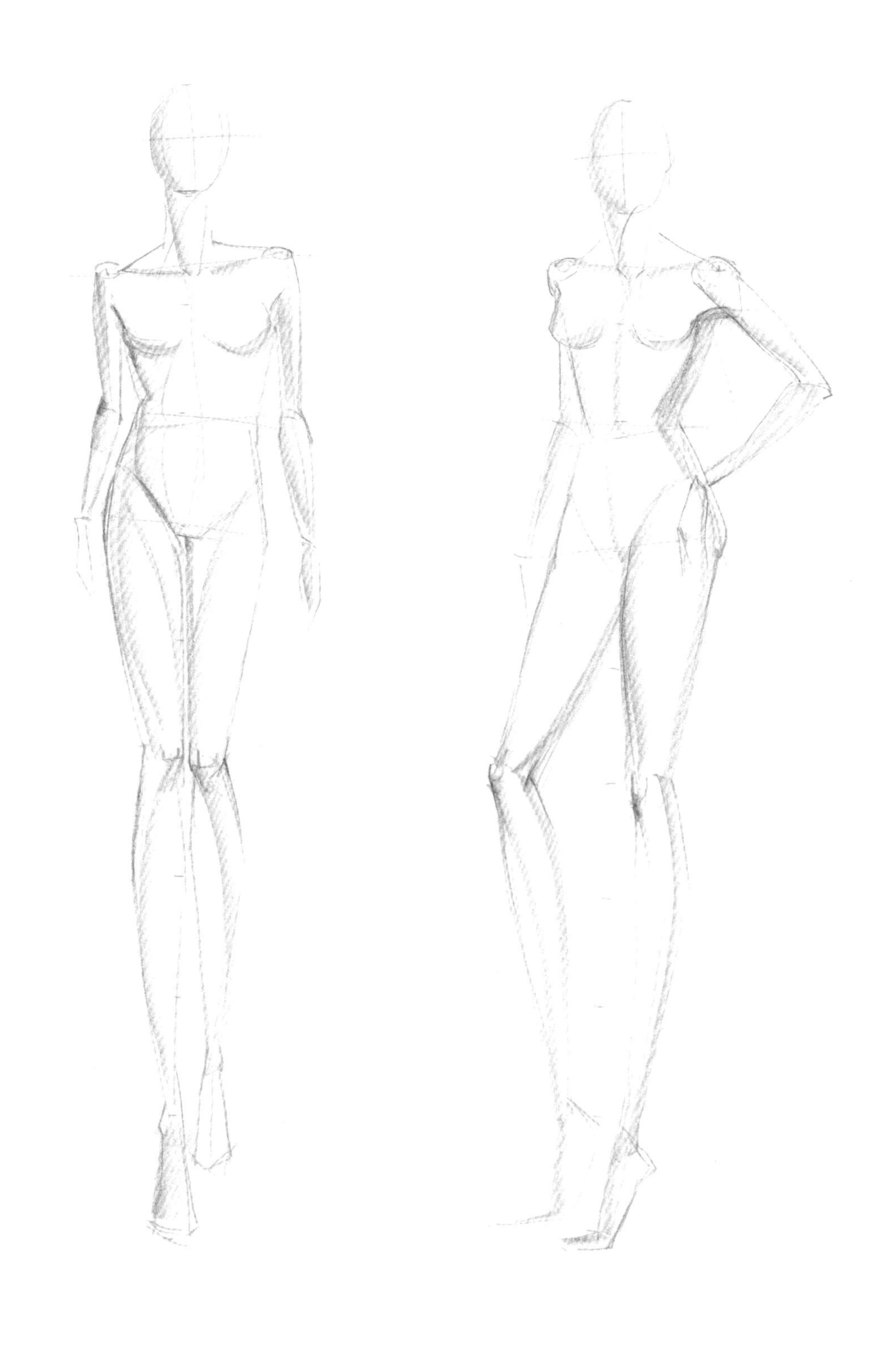

*在圆柱体的基础上添加简单的骨点与肌肉，形成极度简化的人体*

图 2-23　人体姿态的展示方式之四

通过以上方式大量练习绘制设计草图来更好地掌握人体的平衡方式和动态等，这将是我们继续深入刻画人体的开始。

## 四、衣着下的人体姿态

了解衣着下的人体姿态是一个反向推敲的过程，我们可以利用前面掌握的人体比例及动态的知识来进行这一推敲过程，这有助于我们更好地了解人体动态。

衣着下的人体会呈现出怎样的姿态呢？这一思考过程会为后面我们给人体绘制衣物提供很大的参考帮助。在视觉上，衣物所呈现给人们的第一印象是廓形，我们需要通过观察这一廓形来分析人体的整体姿态，再通过衣物的褶皱分析人体局部的动态与转向。如前所述，人体呈几何形，其中两个梯形的形态，即肩与骨盆之间相对倾斜的关系，以及中心线（动态线）的确立成为我们判定人体动态与转向的依据。最后，在此基础上按比例添加四肢和五官将会水到渠成（图 2-24~ 图 2-31）。

图 2-24

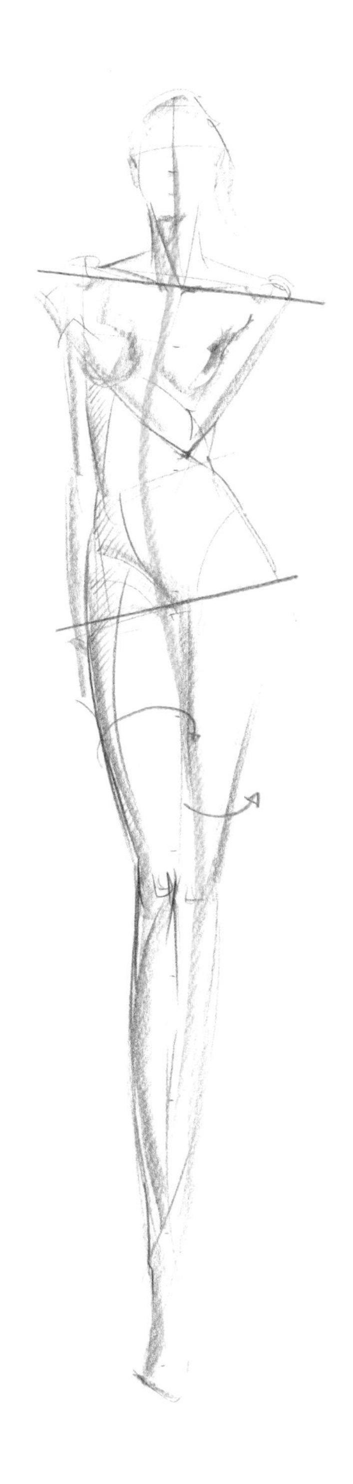

图 2-25

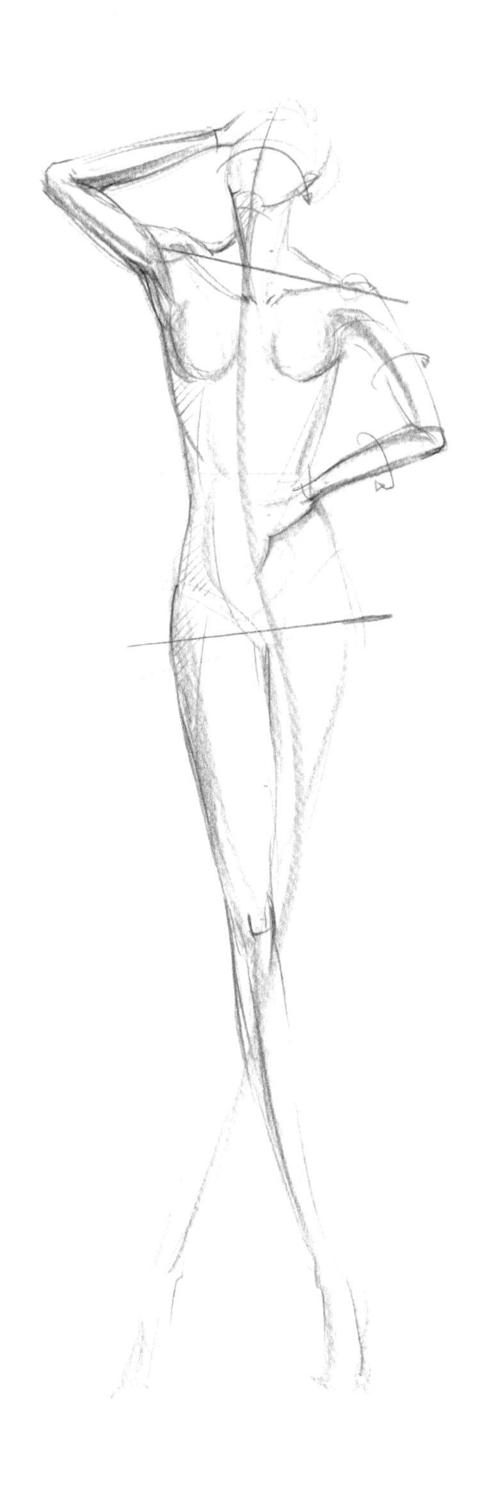

图 2-26

图 2-27

图 2–28

图 2-29

图 2-29

图 2–30

图 2-31

# 03

## 从人体到着装

在前面两章介绍了如何使用工具，以及如何绘制准确且富有韵律感的人体。本章节将分析如何让人体准确地“穿”上衣物，以及处理衣物与人体的关系。首先，我们要了解衣物在某一种人体状态下是怎样展现的（参见 p40：四、衣着下的人体姿态）。人体的转向、动作伸展对衣物的影响体现在衣物的廓形、阴影变化以及褶皱上。这就是我们在完成底稿（人体与衣物廓形）后开始着手绘制衣物时先从阴影和褶皱下笔的原因。在处理人体及衣物的阴影时，应自主设定一个方向的光源以保证画面的整体性。褶皱的处理应谨慎，要先分析人体动态，理解不同褶皱产生的受力点，进而注意转折的关系及关节处的强调，再进行简洁处理。

## 一、人体与时装的关系

图 3–1~ 图 3–6 展示了不同的人体姿态与时装的关系。需要注意的是，人体、褶皱和阴影是时装画初步完成的草稿阶段。我们要注意观察布料贴近及远离人体的部位以及阴影区域，在时装画草稿完成后，接下来进行的初步的色调铺设及细节刻画都将围绕人体、褶皱和阴影进行。因此，在草稿阶段，处理好人体与时装的关系至关重要。

图例分析：

以下图例均设定为画面右上角有固定光源。

*图例中人体姿态为单脚抬起，重心落在右脚上。褶皱的处理集中在抬起的左腿周围、裙摆本身的结构褶皱以及腰部。阴影在身体右侧，强调手臂与上身、胸部，以及腰部的阴影。注意向右倾斜的身体与抬起的左腿产生的衣物线条的微妙变化*

图 3–1

*图例中人体呈行走的姿态，左腿抬起，重心落在右脚上。成图（右图）为了表现衣物的图案，同时让画面更简洁，褶皱的处理几乎被省略。但我们依然要掌握草稿状态下的衣物褶皱以及阴影的处理方法，阴影集中在右胸部以下，腰带处以及膝盖处。褶皱处理要注意腰部位置以及膝盖关节*

图 3–2

图例中人体呈双腿交叉站立的姿态，重心落在右脚。衣物结构有点复杂，但处理方式不变，注意身体弯曲的部位，

图 3-3

*图例中人体呈双腿交叉站立的姿态，重心落在右脚。衣物结构有点复杂，但处理方式不变，注意身体弯曲的部位，即腰部的处理。裙子的褶皱需要考虑布料的悬垂性以及微微抬起的左腿*

图 3-3

*图例中人体姿态为双腿叉开站立，为了展示长裙，重心落在两腿之间。在前期设定人体姿态的时候，应该考虑到时装的特点以及亮点，用适当的角度与姿态展现出来。画面处理的重点在裙摆，即模特左手提起的裙摆的褶皱以及自然垂落在右腿上的裙摆的线条*

图 3–4

*图例中人体姿态为半坐姿势，注意胯部弯曲产生的褶皱和胸部位置的褶皱，大腿处的阴影处理参照几何形体*

图 3-5

*图例中人体为站立的姿态，重心落在左腿上。连衣裙本身结构衔接处的褶皱以及抬起的手臂对外套的拉扯而产生的褶皱是处理的重点。处理阴影的重点在手臂下以及微微弯曲的右腿膝盖处*

图 3–6

## 二、衣物褶皱的处理

在学习如何刻画衣物褶皱之前，首先，我们要了解褶皱产生的一个重要因素——重力。其次，褶皱是体块，不是一条线，我们可以将其理解为圆柱体。最后，我们要知道褶皱是沿人体的体块（圆柱体）延伸的，同时我们也要考虑面料的特性。图 3–7、图 3–8 介绍了几种常见的褶皱形式以及特点分析。

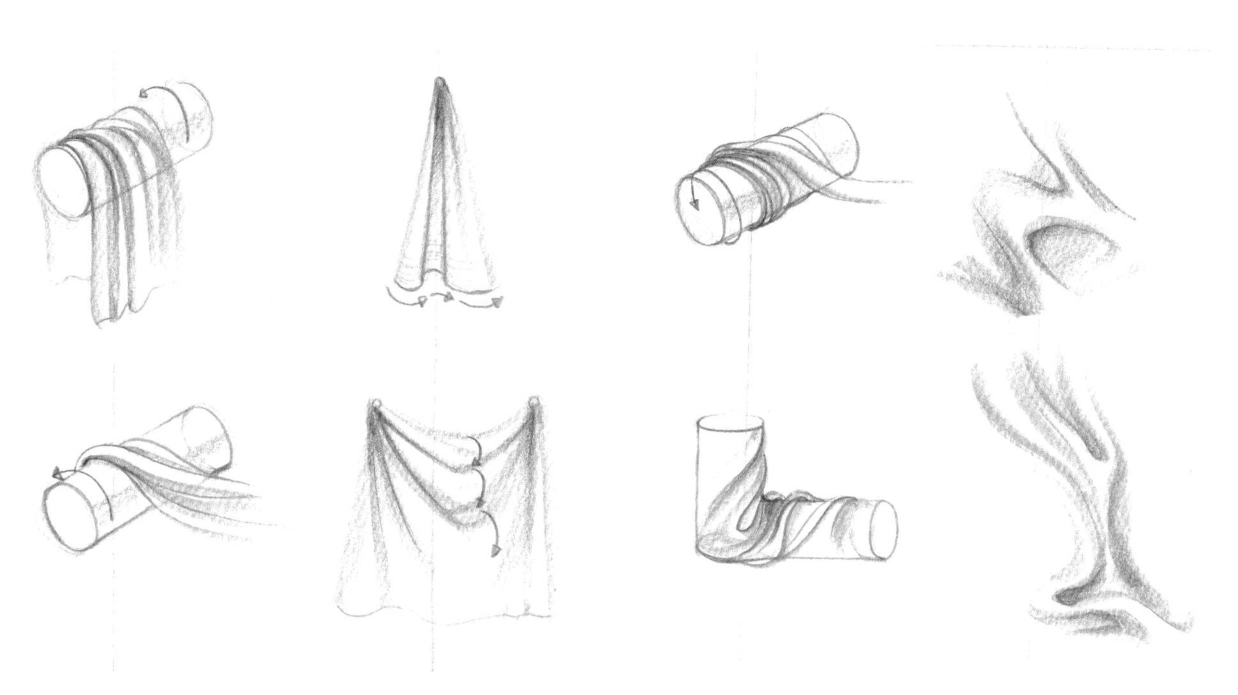

*在重力的影响下，面料悬垂状态产生的管状褶皱，这是最基本的褶皱类型。从图例中（左上与左下）可以看到褶皱从圆柱体的顶部（受力点）顺着圆柱体的结构堆叠延伸出来，直到远离圆柱体自然垂落。图中的圆柱体就好比人体的体块，我们在处理褶皱的时候一定要考虑到人体体块对褶皱的影响。图例中右上图与右下图为一个受力点与两个受力点的面料悬垂状态，这一组的褶皱出现在没有其他体块影响的情况下，例如自然下垂的宽松裙子的裙摆处*

图 3–7

*左上图为螺旋褶皱形式，这种褶皱是由布料围绕圆柱体产生的管状褶皱经过旋转、拉伸而成的。但无论怎么拉伸，它们始终围绕圆柱体的结构延伸。将圆柱体进行弯曲处理，围绕圆柱体的面料在弯曲的部位堆叠从而形成半锁褶皱类型（左下图），这种皱褶类型较多地出现在身体弯曲部位，如弯曲的手肘与膝关节的位置。右上图为 Z 形褶皱类型，面料在受到轻微挤压时产生这种类型褶皱。这种褶皱更容易表现出面料的质感（在相同情况下，面料质地轻薄产生的 Z 形褶皱会更小、更多，而面料质地厚重产生的 Z 形褶皱会相对更大、更少）。右下图为飘动褶皱类型，面料在远离体块自然飘动时产生的褶皱类型，如在风中飘动的旗子*

图 3–8

在了解了基本的褶皱类型后，我们再将其放到复杂的人体体块上进行分析就简单多了。需要注意的是，人体各体块的转折与弯曲产生的褶皱形式相对复杂一些，往往是两种或几种褶皱类型的结合。图 3–9~ 图 3–11 列举了不同类型褶皱的组合表现形式。

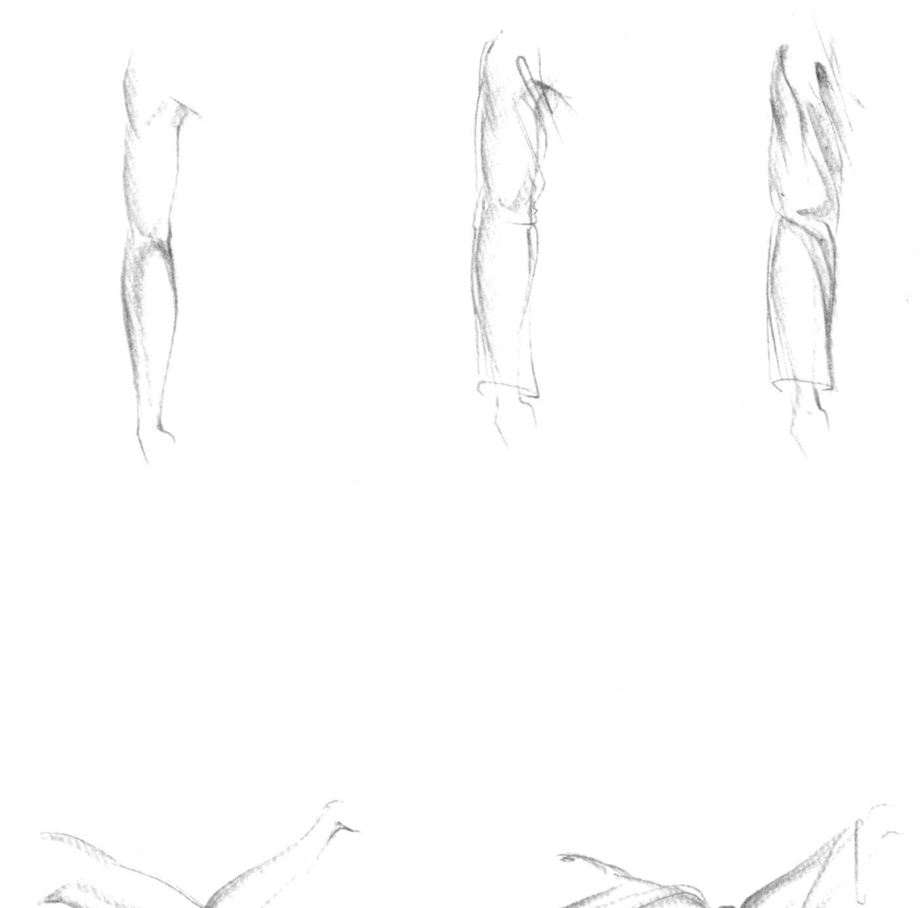

*我们先从手臂的褶皱开始：围绕自然下垂的手臂，在手臂内侧腋窝处出现了半锁褶皱，沿手臂往下是螺旋褶皱。在肘关节处（两个圆柱体的连接处）出现了轻微的 Z 形褶皱。再往下直到手腕处为螺旋褶皱。只受重力影响的褶皱都相对比较轻微。围绕伸展开来轻微弯曲的手臂，此时的褶皱出现了拉伸与旋转。上臂处出现强烈的螺旋褶皱，手肘关节处为半锁褶皱，从半锁褶皱继续延伸出螺旋褶皱*

图 3–9

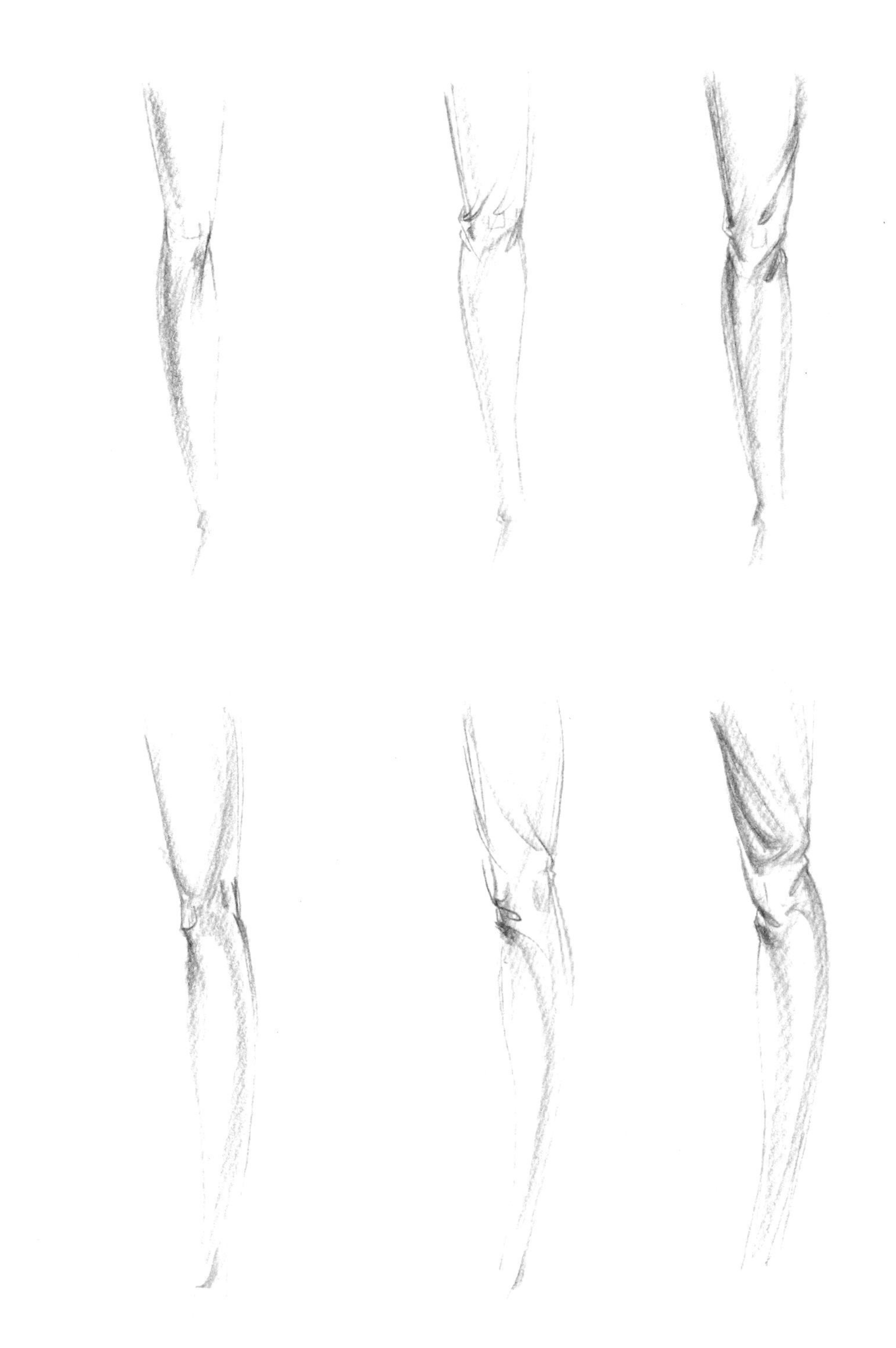

*直立腿部的褶皱，受到重力状态下的膝关节的影响。膝关节处出现螺旋褶皱与轻微的 Z 形褶皱的混合状态*

图 3–10

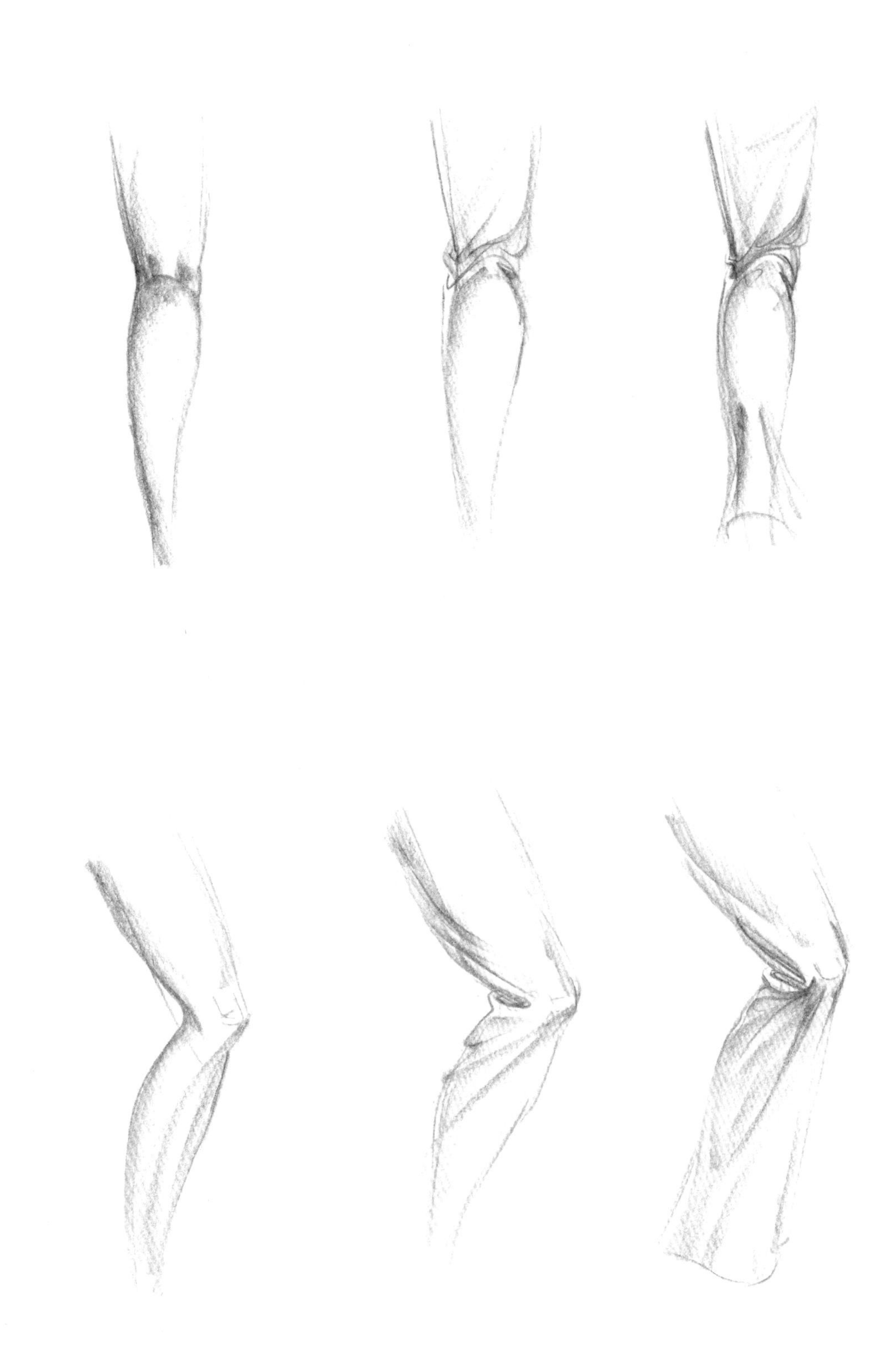

*弯曲的腿部在膝关节弯曲处出现半锁褶皱，在慢慢远离腿部圆柱体的影响下，裤脚自然下垂产生管状褶皱*

图 3-11

从以上的图例中我们可以看出，在处理围绕人体体块的褶皱时，要注意分析褶皱产生的受力点，同时考虑体块的转向、转折及拉伸。在接下来的深入刻画中，我们还需要考虑面料的材质，这也是产生不同状态褶皱的一个重要因素（图 3-12~ 图 3-14）。

*图例中的人体为行走中的姿态。由于时装本身的结构处理，袖子处出现半锁褶皱。往下到抬起的左腿弯曲处产生Z形褶皱。模特提起裙摆后，大腿处出现螺旋褶皱。注意强调膝关节，最后到裙摆处为管状褶皱与飘动褶皱*

图 3-12

图例中的人体为行走中的姿态。袖子处为螺旋褶皱，肘关节处为半锁褶皱。上半身由于面料（毛）的关系，看不到明显的褶皱。下半身由于裤子的结构较为宽松以及面料的悬垂性比较好，只出现了螺旋褶皱，注意抬起的左腿膝盖处有半锁褶皱。裤腿处为管状褶皱与飘动褶皱

图 3-13

*左：模特身上的衣物结构较为宽松、简单，面料柔软、轻薄，除腋窝处产生半锁褶皱外，从上半身往下出现细腻的管状褶皱*

*右：模特袖子处的褶皱为螺旋褶皱与关节处的半锁褶皱的结合。上半身衣物由于腰带的捆绑挤压，衣摆处出现管状褶皱与半锁褶皱。由于处于两腿行走的状态中，裙子拉伸处出现Z形褶皱*

图 3–14

## 三、人体着装表现步骤

在对人体与时装的细部和整体关系有了初步的认识后，在刻画过程中我们需要理清一个基本的处理方式，以便更好地理解从简单的人体到穿上时装的刻画过程（图 3-15、图 3-16）。

*步骤一：按照人体比例，用几何形表现人体的基本动态。注意重心的位置*

*步骤二：完善人体的体块曲线，确定人体姿态*

图 3-15

步骤三：根据人体体块，从领子的位置开始沿人体的中心线往下绘制出时装的基本结构。添加少量阴影与褶皱体现人体的体块以及转折

步骤四：最后强调阴影与褶皱并初步确定面料质感。注意领子与脖子的关系

图 3-15

*步骤一：按照人体比例，用简单的几何图形确定人体的姿态*

*步骤二：继续完善人体，确定人体动态并添加少量的阴影以体现人体体块与曲线*

步骤三：根据人体体块绘制出衣物的基本形态与结构并添加少量阴影，注意褶皱与花纹的处理

步骤四：继续完善时装的整体关系，强调阴影与褶皱，完善时装细节

图 3–16

# 04

## 时装画的影调

影调是画面中光影节奏的体现。在时装画的画面处理中，不同的明暗层次同时也反映了人体的体块动态以及时装的结构和色彩的变化。所以，在为画面铺设基调时，首先，要考虑光源的方向。一般情况下只设定一个固定的光源即可，这样画面处理起来简洁明了。其次，要根据人体体块的转动确定大块面的阴影，如躯干以及骨盆的侧面阴影。最后，考虑时装的结构与褶皱，丰富画面的影调细节。

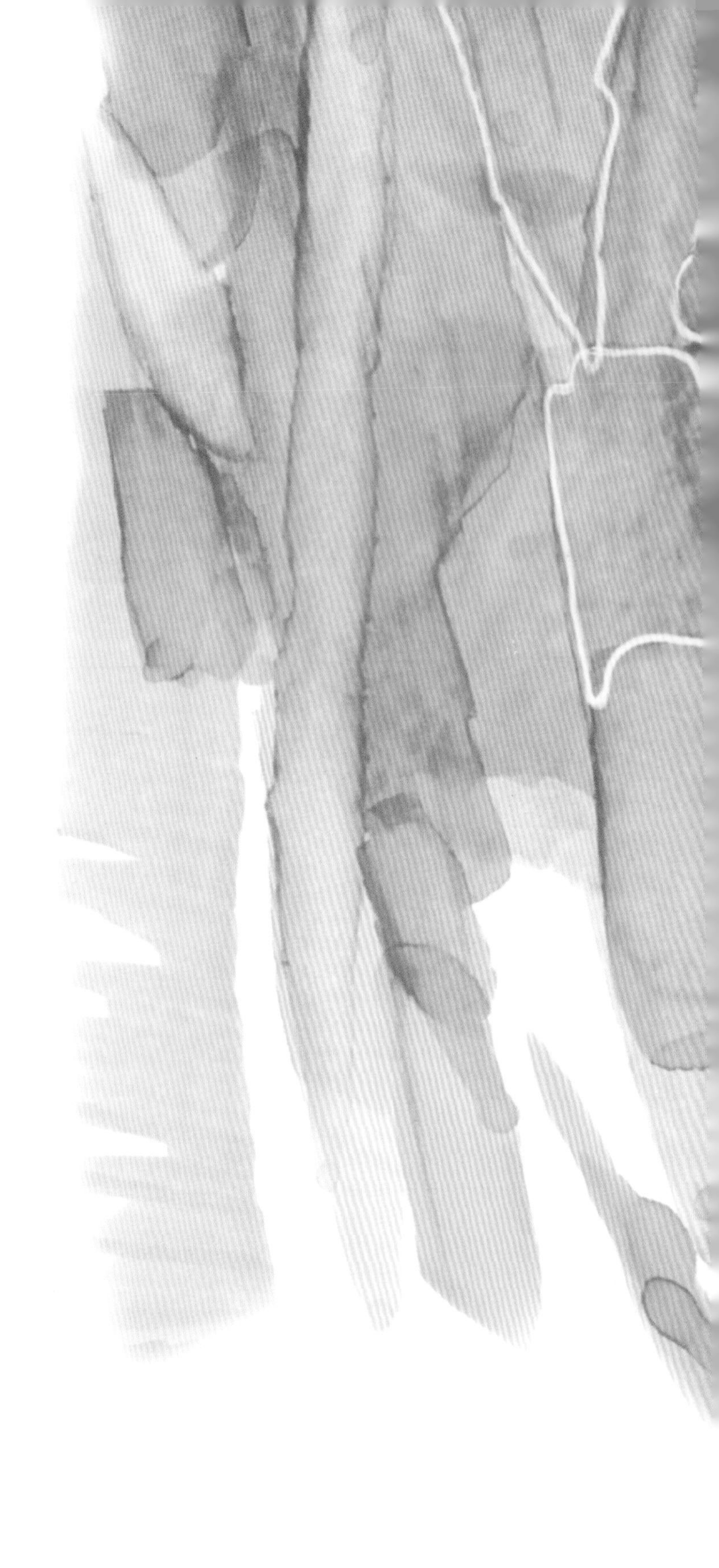

本章介绍如何运用简单的马克笔（灰色单色号）技法对时装画进行快速的光影处理，同时讲解简单的色调铺设步骤。在图 4-1~ 图 4-4 中，注意观察光的方向以及光在人体与时装体块上的变化。

*步骤一：在画面的中间画一条垂直线，确定头部大小并把垂直线等分。从头部开始往下画，确定肩膀的倾斜线，按照人体的动态确定胯部倾斜线并画出承重腿。继续完善人体直至铺上轻微影调*

*步骤二：从领子的位置开始，根据人体的动态画出时装的基本结构并初步画出主要的褶皱*

步骤三：用铅笔的侧锋或排线轻轻画出时装的基本影调，调整人体与时装的形态细节

步骤四：选择一支浅灰色马克笔，根据之前确定的影调快速铺设暗部色调，并留出亮部。在色调较暗的暗部可以来回叠加笔触以丰富画面

*步骤五：选择一支中灰色马克笔，丰富灰面的层次。继续加强暗部的影调并强调体块的立体感，注意人体右腿与裙摆的关系处理*

*步骤六：选择一支深灰色马克笔，加强暗面的造型和层次感，修整整体画面*

图 4–1

*步骤一：按照人体比例画出基本的人体动态并添加少量影调。在处理人体转向的时候可从颈窝处画出体块的中心线作为辅助*

*步骤二：从领子开始，画出时装的基本结构，注意右手对衣服的拉伸。裙摆的形状根据倾斜的骨盆确定，注意对比两边的线条以及裙子的筒形结构*

步骤三：用浅色马克笔快速地为画面分出暗面及亮面。在铺设基本影调的同时要根据人体的结构，适当留出亮部，并注意亮部的形状。裙摆处的影调变化可根据两条大腿圆柱体的起伏进行考虑，往下注意头发和膝盖处的留白

*步骤四：用一支中灰色马克笔加强影调层次，并在灰面的位置画出基本的花纹，注意花纹随着衣物和人体的起伏而变化*

*步骤五：最后用深色马克笔小面积地加强暗部，强调花纹。注意裙摆处和鞋子的高光*

图 4-2

*步骤一：根据基础比例，从大形入手，辅以少量阴影，完成线稿。在完成线稿的同时考虑好最终画稿的整体关系*

步骤二：根据线稿，找好光源，用浅色马克笔强调阴影位置

*步骤三：继续从暗部出发，结合时装形态，增加光影细节，注意整体光影的节奏控制*

步骤四：在光影调子的基础上，考虑时装面料质感，抓住面料关键特征进行刻画

*步骤五：用黑色马克笔或针管笔强调轮廓与细节*

图 4–3

*步骤一：图例中人体为坐姿，注意人体比例的变化以及人体体块的转动。注意锁骨的状态以及不同方向的两条腿的比较*

*步骤二：用黑色彩铅侧锋快速地将大衣刻画出，再用浅色马克笔快速扫过暗面，最后用铅笔添加大衣的部分细节。注意大衣的结构处理以及鞋子的质感处理*

步骤三：用中灰色马克笔塑造大衣的立体感，注意强调大衣的衔接缝。大衣的外轮廓处理要注意用尖细的笔尖快速刻画出面料的特征

步骤四：用深灰色马克笔加强暗部的色调，留出反光以表现面料柔滑的质感

*步骤五：在大衣暗部处适当使用白色彩铅或高光笔加以提亮以加强质感，并丰富整个画面的影调关系，注意鞋子与大衣的质感对比*

图 4-4

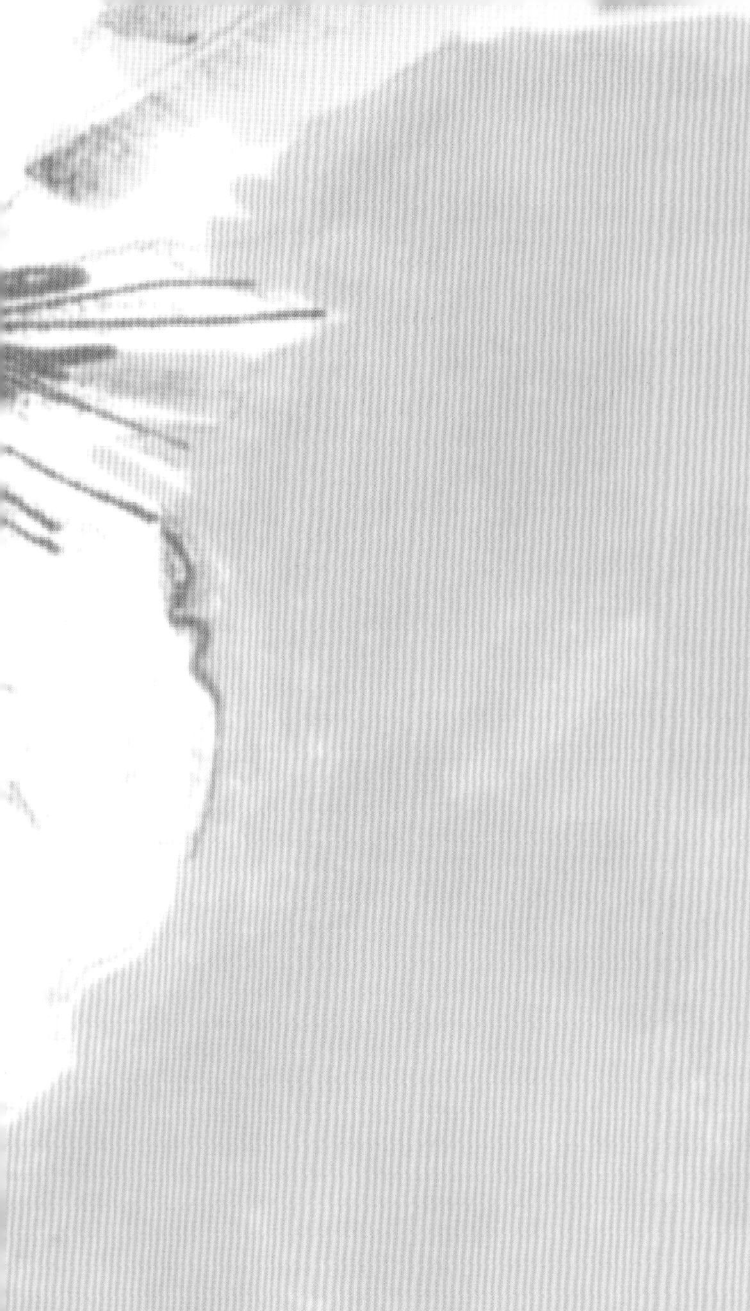

# 05

## 时装画的色彩

时装画的色彩可以以依附影调的方式呈现出丰富的层次变化，也可以以简单纯粹的平面色块展现强烈的色彩对比。无论通过什么方式来表达色彩，都要考虑每一个色块在整体画面中的安排是否合适、和谐。本章将简单介绍颜色的搭配并提供时装画着色的步骤范例。在这个学习过程中，我们需要思考色彩的性质以及如何通过练习形成自己的色彩搭配系统。

色彩的搭配运用通常带有强烈的主观意识，但一般情况下，我们可以通过色彩构成理论对色彩运用进行引导，练习时先从草图开始。在选择颜色进行搭配时可以准备一个 12 色或者 24 色的色相环并从色相环中按照一定规律选择颜色进行搭配尝试。

**（1）类似色搭配**。在色相环上任意选择相邻的 3 种颜色进行搭配。这样的颜色搭配组合中色相较为相近，整体颜色氛围较为和谐。在进行配色的时候注意拉开色彩明度的对比，以产生更多的颜色层次。

**（2）对比色搭配**。在色相环上通过等边三角形寻找任意 3 个相互平衡的颜色。此类颜色对比会产生较强的对比，搭配时注意颜色的面积对比，不要过于平均。

**（3）类似色与对比色搭配**。在色相环上任意选择一个颜色以及其互补色两边的类似色进行搭配。此时的颜色搭配层次丰富、和谐，又有强烈的颜色碰撞。可选择类似色作为主色调，对比色作为点缀。

具体方式可参考图 5-1、图 5-2。

图 5-1

图 5-2

以上仅为在色彩构成理论下的颜色搭配方法，颜色的使用除了搭配，还有色相冷暖的对比以及面积的对比。因此，颜色的使用既是科学范畴也是艺术的范畴。我们要跟随主观的颜色搭配意识，多观察、多练习才能形成自己独特的色彩感觉（图 5-3~ 图 5-5）。

*步骤一：线稿。确立好人体姿态后，从时装的领部着笔，用轻快的笔触快速绘制出时装的大形，然后轻微地画出影调。这时候应从画面的整体效果出发，不要急于处理画面的细节*

步骤二：用浅色马克笔根据画面的影调从暗部开始用大色块铺设基本色调。在着色的过程中确立整体画面的色彩倾向

步骤二：用浅色马克笔根据画面的影调从暗部开始用大色块铺设基本色调。在着色的过程中确立整体画面的色彩倾向

*步骤三：用更深色号的马克笔继续加强画面阴影以及灰面，这时候注意根据人体各部位和面料质感处理高光的位置与形状*

步骤四：开始进行面料与花纹的基本刻画，注意花纹的起伏变化。同时进行画面大色调的调整

步骤五：深入刻画面料与其他细节，注意画面整体色调

*步骤六：绘制画面背景，烘托气氛并强调时装轮廓*

图 5-3

*步骤一：线稿。在绘制人体组合动态的时候，先确定好位于画面前方的人体动态和比例，第二个人体动态依据其进行绘制。依然从时装的领部着笔，快速绘制出时装的大形及结构，注意侧面时装的透视变化。最后轻微地刻画出影调*

步骤二：用浅色马克笔在画面中进行大色块着色，根据影调变化和时装的面料从明暗交界线开始铺设。在着色的过程中注意笔触受到的时装材质的影响

步骤三：确定时装及画面的大色调，注意根据人体各部位的转折以及面料质感处理高光和反光

步骤四：强调明暗交界线，注意面料质感的基调。继续完善画面整体色调

步骤五：深入刻画面料与其他细节，注意画面的虚实对比关系处理

*步骤六：用白色彩铅或高光笔强调面料暗部质感，用黑色彩铅勾线强调轮廓曲线*

图 5–4

*步骤一：线稿。在绘制这组人体动态组合的时候，注意人体的转向与透视变化对时装褶皱的影响。从领部开始，快速绘制出时装的大形及结构，同时注意整体画面的虚实对比处理。最后轻微地画出阴影*

步骤二：用浅色马克笔在画面的暗部开始着色，顺着褶皱的方向强调时装结构与走向。最后用深色马克笔强调暗部

步骤三：继续铺设时装及画面的大色调，注意时装的材质与状态，用快速飘逸的笔触体现面料的轻与透

步骤四：强调暗部和明暗交界线，注意时装的色彩变化与对比。继续完善画面整体色调

*步骤五：用黑色彩铅刻画时装暗部以及褶皱，注意画面的整体虚实对比并强调边缘线*

*步骤六：加强画面的明暗对比，用黑色彩铅强调细节变化，并用高光笔提亮局部结构及反光。最后勾线强调轮廓线*

图 5-5

# 06

## 面料与质感

如果说时装的廓形能给予人们视觉上的辨识，那么其质感则能给予我们切实的触感。
通过织物的质感表现手法能体现出画者对于时装面料的理解，同一种面料有无数种表现方式，但它们都在表达同一种感受，即当你看到它的时候，你能想象出用手抚摸它的感觉。我们通过使用不同的线条形式以及影调去尝试表现这种感觉，因此在刻画面料质感之前应当先了解面料，了解它的构成及触感，然后画出感受。

## 一、线条的质感

线条的强大表现力在于通过不同的线条特性使人产生联想而赋予其情绪特征。在刻画面料质感的最初先用线条描绘轮廓线，之后，面料的质感便出现在了纸面上。最后，我们通过色彩和光影进行强调。图 6-1 呈现了几组赋予了不同质感的线条的表现形式。

*a. 透明、轻盈*
*纤细的线条通过快速的笔触表现其轻盈灵活的特性，交叉的线条则体现出其透明性*

*b. 柔顺、光滑*
*通过微微模糊的笔触表现出单线条的柔软性，流线的组合是顺滑的体现*

*c. 硬脆、坚挺*
*清晰坚定的线条表达出质地坚硬的特性，急剧弯曲的转角体现了脆的感觉*

*d. 厚重、柔软*
*宽厚的线条表达了厚重感，其模糊的弯曲的形态则是柔软的体现*

*e. 紧绷、弹性*
*拉直的横向线条体现了由于两侧的作用而呈现出的紧绷的状态，而两边松紧的对比则是弹性的表现*

*f. 放松、飘逸*
*在自由松散的线条中体现了其放松的感觉，个别线条弯曲幅度较大表现出飘逸的状态*

图 6–1

## 二、面料绘制步骤

### 1. 针织物

在绘制针织物的时候要注意观察纹路结构，区别于梭织物，针织物纹路组织较为明显。因此，在绘制针织物的时候，先要把其纹路结构和图案的大形画出来，然后再进入立体感的塑造。

参考图例见图 6–2。

图 6–2

绘制详解见图 6–3、图 6–4。

*步骤一：此类针织物的主要特征在于表面的细线，比较松软。开始绘制的时候用细微的侧锋把细线的基本轮廓和质感画出来，注意用笔的时候笔触要轻*

*步骤二：在绘制好织物的基本特征后，用灰色马克笔快速轻微地添加块面阴影。注意在用马克笔上影调的时候留出个别细线的高光，免去后期添加过多高光，使画面效果显得更为自然*

*步骤三：继续加深影调，在影调接近完成时，用彩铅加强针织物的线条感*

图 6–3

*步骤一：此类针织物较为常见，先观察其结构，抓住基本的形态后再入手绘制。注意先简单绘制出毛线的基本结构形态*

*步骤二：用浅色马克笔加深结构的暗部*

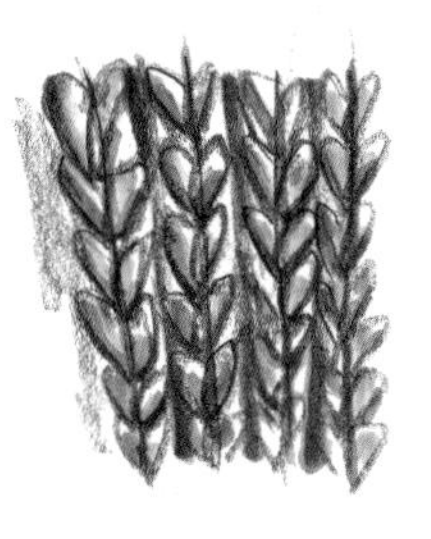

*步骤三：继续加深影调的同时强调结构并注意针织结构的立体感*

图 6–4

### 2. 牛仔布与格纹

绘制牛仔布时要抓住其质地紧密以及织纹清晰的特点，再强调整理工序（如洗水、石洗等工艺效果）以及缝线等细节特征。格纹是由数种不同的彩色条纹交错构成的花样。在绘制格纹时以不同颜色条纹层叠绘制，注意透视的变化。条纹出现在不同质感的面料上时，先绘制面料质感以及阴影，再绘制彩色条纹，最后统一整体效果即可。

参考图例见图 6–5。

图 6–5

绘制详解见图 6-6、图 6-7。

*步骤一：牛仔布的织纹较为明显，需要利用彩铅的侧锋进行绘制*

*步骤二：继续用彩铅画出褶皱和暗部，再用橡皮擦出洗水的花纹*

*步骤三：添加牛仔布的缝线，注意缝线处的厚度。最后用削尖的笔触轻轻强调布纹*

图 6-6

*步骤一：格纹的处理跟其他花纹一样，在时装上进行绘制时要注意跟随时装的结构、起伏与透视的变化。先绘制出方格并用色块填充*

*步骤二：继续使用不同的色块组合并绘制细线条纹*

*步骤三：最后添加细节（视格纹种类变化，可以理解为多层图案与线条的叠加，出现在不同的布料上的格纹绘制步骤不变，但线条与图案的细节会有不同。如绘制方格呢时可以把图案和线条用斜线表示以强调面料的特征）*

图 6-7

### 3. 蕾丝与纱

蕾丝与纱都具有轻薄透气的特性。蕾丝面料上的花纹与镂空是主要特征，在绘制的时候要注意表现出这些特点。蕾丝花纹的处理具有一定的重复性，注意不同工艺蕾丝花纹的特征。纱的刻画集中在其轻薄以及透明性上，注意边缘线的处理要轻、松。

参考图例见图 6–8。

图 6–8

绘制详解见图 6-9、图 6-10。

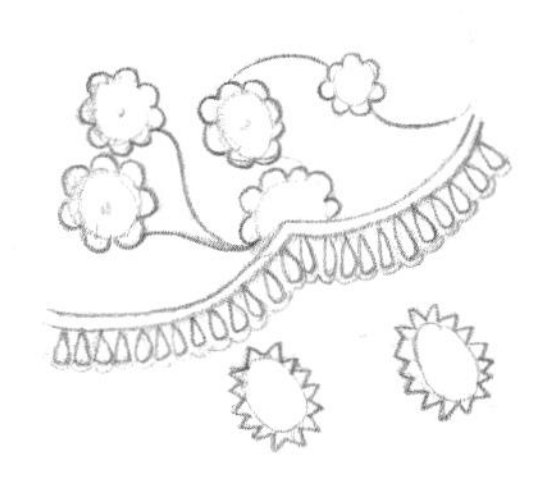

*步骤一：在绘制蕾丝时注意跟随花纹的织法纹路表现，刻画的重点在花纹处。先画出花纹大形*

*步骤二：用马克笔填充花纹并勾画花纹细节*

*步骤三：继续对花纹进行勾画，最后添加其余部分的面料细节*

图 6-9

*步骤一：纱的绘制要抓住其半透明的特性。先用彩铅画出其大形，之后轻微涂抹阴影*

*步骤二：用浅色马克笔使用快速的笔触绘制暗部，要一气呵成*

*步骤三：继续描绘暗面及灰面的转折，注意过渡的衔接要柔和以表现面料的柔软性。在出现面料重叠的位置注意其透明性的表现*

图 6-10

### 4. 毛皮

绘制毛皮时要注意其轮廓线、厚度以及毛的方向感。轮廓线是体现其柔软质感的重要特征，绘制时要注意疏密的控制。通过从暗部到亮面间的毛的疏密来体现厚度感，同时注意毛的走向排列。最后，光泽度的表现可在暗部提亮细节。不同的毛皮特征体现在毛的长短、斑纹以及毛的走向上。

参考图例见图 6-11。

图 6-11

绘制详解见图 6–12、图 6–13。

*步骤一：绘制羊羔毛时重点在于抓住其毛绒的球体特征。先用马克笔或彩铅铺设浅色调，并勾勒球形毛绒*

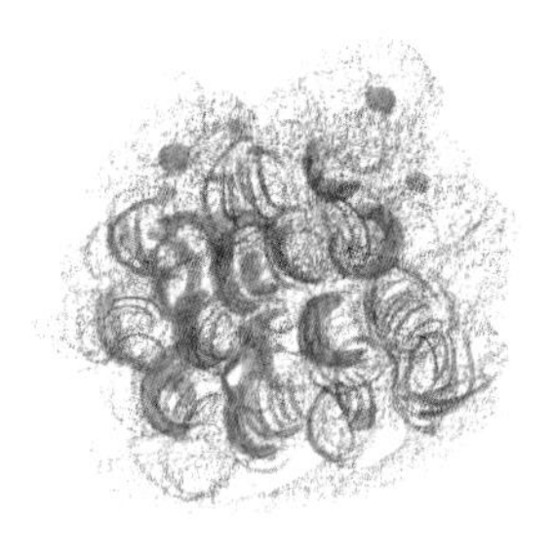

*步骤二：用马克笔加深毛绒阴影并适当留出亮部。用笔要圆润以体现其柔软感*

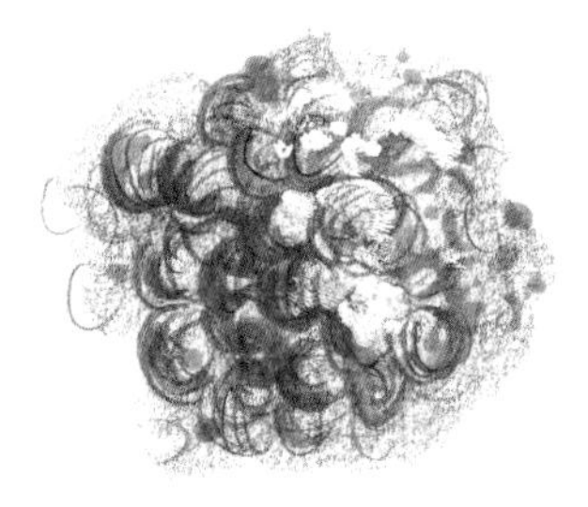

*步骤三：继续刻画细节并在原有的影调基础上加强整体感*

图 6–12

*步骤一：貂皮轮廓线的处理需要特别注意，开始时用彩铅侧锋轻轻绘出色调，轻松、随意的笔触可以体现其松软的质感并能表现出毛的特征*

*步骤二：继续加深其立体感与层次感，对轮廓线进行模糊处理*

*步骤三：用高光笔或白色彩铅在暗部提亮毛的细节，注意反光*

图 6–13

### 5. 皮革与人造毛

皮革的质感刻画要注意两个位置：明暗交界线以及反光处。绘制时从最暗的明暗交界线开始，根据柱形（体块）确定好褶皱的转折形态，逐步添加灰面即可，最后添加暗面反光。越是硬朗光滑的皮面，交界线、高光和灰面的界限越是清晰，反之，柔软的皮革过渡会更柔和。相比于动物皮毛，人造毛会显得更为稀疏且光泽更为暗淡。与绘制动物皮毛一样，以分组的方式绘制人造毛效果会显得更整体。

参考图例见图 6–14。

图 6–14

绘制详解见图 6–15、图 6–16。

*步骤一：皮革的质感较为柔软且光滑，不同反光度以及柔软度的皮革体现出来的高光形状与反光强度均不同，刻画的重点在高光以及反光的位置。绘制时先从高光的形状（褶皱）入手*

*步骤二：用马克笔画出暗部，注意暗部与亮部高光的过渡较为强烈（灰面少）*

*步骤三：用较深或黑色马克笔加深暗部以强调高光并画出皮革反光的细节*

图 6–15

*步骤一：人造毛相对动物皮毛质地较为硬朗且光泽度较弱。先绘制出毛的形态*

*步骤二：用彩铅的侧锋继续加强毛的暗部*

*步骤三：用针管笔加强细节并用白色彩铅或高光笔提亮暗部细节*

图 6–16

6. 亮片与钉珠

绘制亮片与钉珠时先从大块面入手,例如先铺设明暗关系,再在灰面( 主要范围 )上绘制亮片与钉珠的主要特征,注意疏密与虚实的变化，接着用高光笔提亮局部的反光与高光。如有必要，最后再用马克笔统一一下整体关系。

参考图例见图 6–17。

图 6–17

绘制详解见图 6–18、图 6–19。

*步骤一：亮片表面较为光滑，反光强烈。绘制前先观察亮片的组合形式，再在铺设底色后画出亮片的基本形态*

*步骤二：用马克笔加强底色的影调，强调亮片的边缘线*

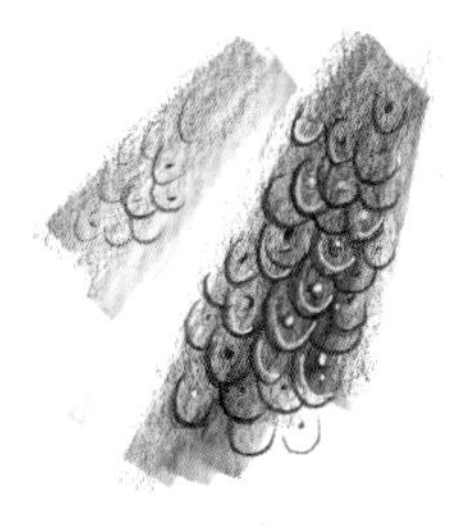

*步骤三：继续加强亮片的轮廓并添加反光细节。由于亮片的反光较为强烈，因此需要在布料的亮面直接留白以体现其特性（我们在绘制其他面料或者花纹时，亮面部分也会用同样的方式进行处理，不需要把整个时装都填满花纹或其他细节，只需要在暗部或灰面表现出特征即可，这样的整体效果更为灵活透气）*

图 6–18

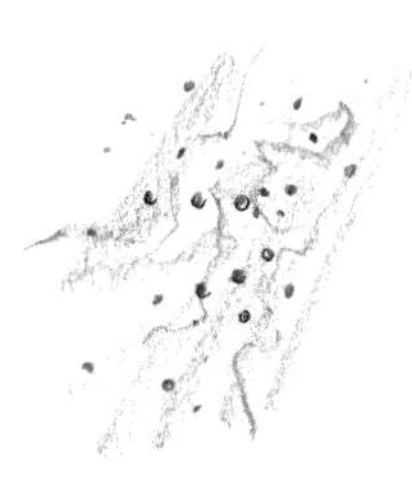

*步骤一：钉珠的绘制方法较为灵活，在铺设好的底色上用黑色彩铅画出初步形态*

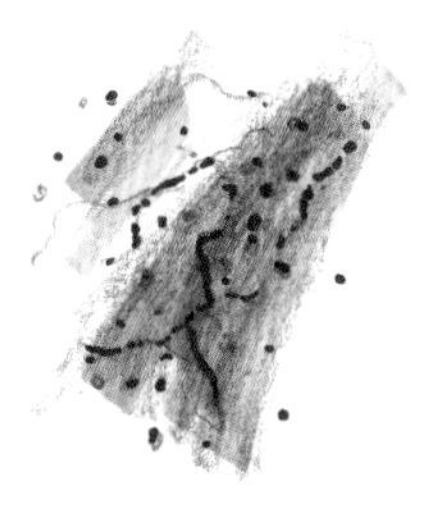

*步骤二：继续加深影调，用黑色马克笔强调细节*

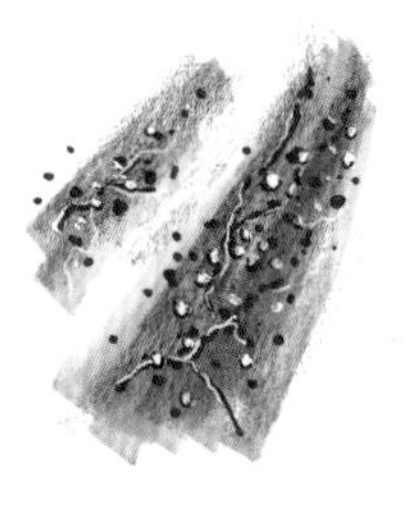

*步骤三：用高光笔沿钉珠的纹路提亮*

图 6–19

### 7. 鳄鱼皮与绸缎

绘制鳄鱼皮的重点是刻画其天然渐变且富有光泽的甲片，同时注意甲片的厚度以及弯曲度。最后，整体处理明暗关系以及细节。绸缎柔软光滑，手感舒适，光泽度高，在刻画时要注意明暗关系的平滑过渡以及褶皱结构的柔软表现。

参考图例见图 6-20。

图 6-20

绘制详解见图 6-21、图 6-22。

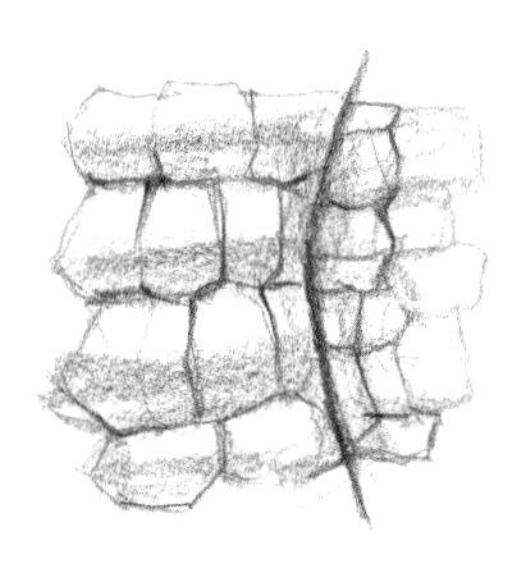

*步骤一：绘制鳄鱼皮的重点在于刻画其表面的甲片，先画出甲片的基本轮廓并带入基本影调*

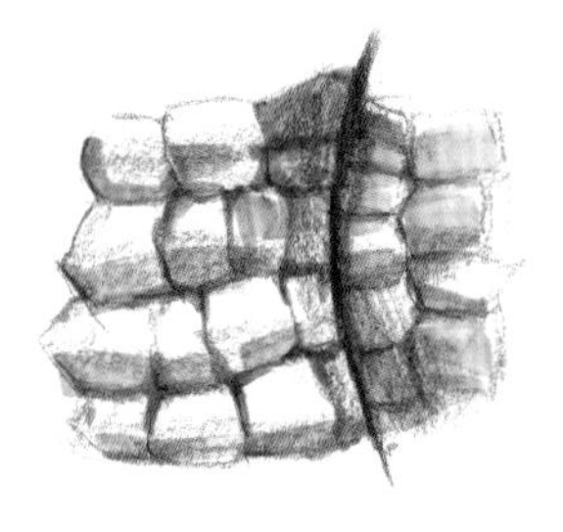

*步骤二：用马克笔加深影调并留出甲片反光与高光*

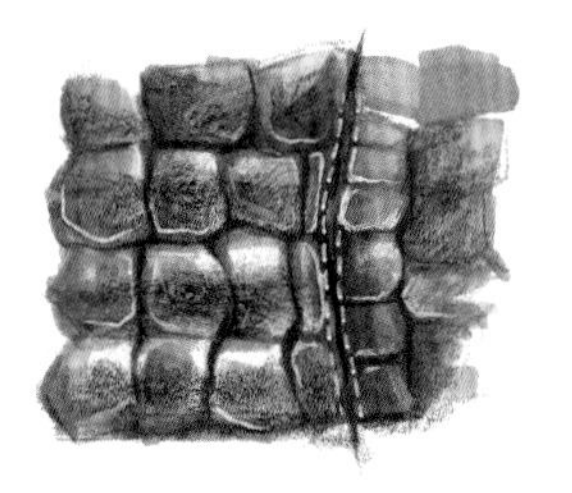

*步骤三：继续加深影调，注意其整体性与厚度。最后用高光笔画出缝合线*

图 6-21

*步骤一：缎的质感相对硬朗且光滑，其高光与阴影对比强烈且反光较强。绸的质感较为柔软，弹性较弱，刻画的重点在其亮部的处理。着笔时先用流畅的线条画出褶皱*

*步骤二：用马克笔画出过渡柔和的基本影调并留出高光（高光形状流畅且明显）*

*步骤三：加深影调，强调交界线以及暗部反光*

图 6-22

## 三、面料的质感细节

时装面料的质感在时装画中具有一定的视觉引导性，在不同的表现方式下呈现出来的质感视觉中心与氛围能带来不一样的画面气氛。因此，在整体的画面关系中，对质感的描绘既是画面的调和剂，又是画面的视觉中心，由此引导质感表现方法来呈现不同的画面氛围（图 6-23~ 图 6-33）。

图 6-23　面料的质感细节示例一

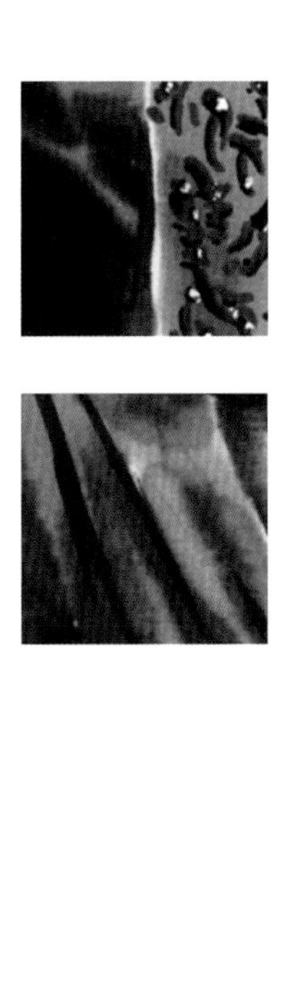

图6-24　面料的质感细节示例二

图 6-25　面料的质感细节示例三

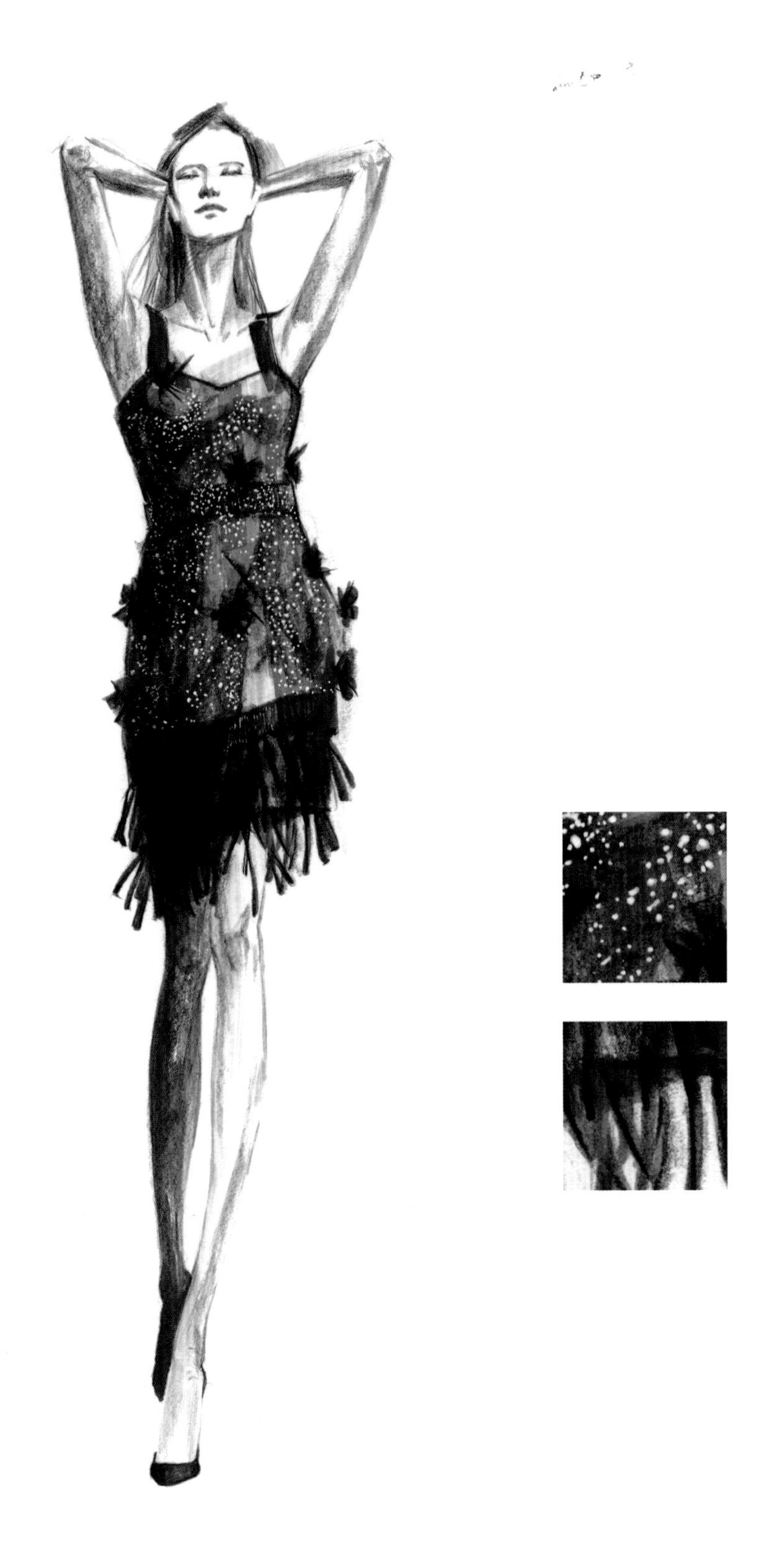

图 6-26 面料的质感细节示例四

图 6-27　面料的质感细节示例五

图 6-28 面料的质感细节示例六

图 6-29　面料的质感细节示例七

图6-30 面料的质感细节示例八

图 6-31　面料的质感细节示例九

图 6-32　面料的质感细节示例十

图 6-33　面料的质感细节示例十一

# 配饰

无论是在时装画里还是在现实中的时装搭配中，“配饰”这个术语都只是相对的概念，配饰不单止于担任搭配时装的饰品角色，还能起到营造氛围以及突出人物个性的作用，很多时候已经作为独立艺术品存在。

## 一、配饰的主要作用

### 1. 平衡画面构图

配饰的存在可以作为人体姿态或者时装形态的一种延伸。在适当的位置运用配饰对画面构图进行补充与平衡，能让画面显得更加丰富完整。时装画里的配饰设计可以主观地进行调整以满足画面需要，不必拘泥于日常的认知。我们可以充分发挥主观想象力，让配饰成为画面不可或缺的一部分。

### 2. 丰富色彩搭配

配饰自身的色彩呈现可随着画面的需要进行自由转换以配合画面的需求。无论是处于主体的角色还是以搭配的身份出现，配饰色彩的安排都能让画面生动丰富起来。有时候，时装主体由于自身局限性难以从沉闷单调的气氛中脱颖而出，此时的配饰色彩便犹如黑夜里的一道光，可以让画面足够丰富且具有戏剧性。

### 3. 强调质感呈现

质感的对比强调对于提升色彩单调沉闷的画面效果绝对是一剂“强心剂”，同时能让触感跳跃起来，产生丰富的视觉层次感。

### 4. 烘托画面气氛

时装画配饰中出现的线条、造型和色彩总能暗示出时装画的主题氛围，这些“无意”安排的恰好出现为画面的气氛营造奠定了重要的感情基调。如想借熟练的技法对画面进行反复的思考以达到营造画面氛围的目的，还不如通过几笔简单的勾勒来为画面加条项链。

## 二、配饰的安排与绘制

### 1. 如何安排

在画面中安排配饰时应当以相互补充、对比强调为出发点，例如使用色彩丰富的配饰点缀色彩沉闷的画面，而造型繁复或奇特的配饰可用于丰富款式简单乏味的时装。同时，在画面构图上，配饰的安排要特别注意其线条、色彩与造型对画面的影响。

### 2. 如何绘制

绘制配饰时应当考虑整体画面的需要，将适当的造型与细节角色安排在画面中，尽量避免画蛇添足。

（1）首饰。

首饰包括项链、戒指、手镯等，材质主要以金属、宝石为主。绘制首饰时线条（有时候甚至省略线条）尽可能流畅简洁，主要强调光与色彩的呈现。在质感的表现中，笔触明确且肯定，反光明显，高光明确。

（2）鞋包。

鞋包的材质主要为皮料、金属、布料等。绘制鞋包时应尽可能保持造型款式的明确性，同时，款式细节的表现要明确。材质的刻画要注意高光与明暗交界线的表现。

（3）头部配饰。

头部配饰包括头饰及帽子等。着重点在头部配饰时应尽量简化对发型的强调（但同时不要忽略造型及块面大形，点到即可）以突出主体。

（4）领部配饰。

领部配饰包括领带、丝巾和围巾等。为丰富低领或无领时装的颈部空间，绘制时不需要过分强调质感，但要注意围绕颈部的造型效果处理。

（5）腰部配饰。

腰部配饰主要为腰带的处理，需要明确造型并对质感进行适当的刻画，在刻画时需要考虑腰部的造型。

配饰的表现案例参见图 7-1~ 图 7-9。

图 7-1

图 7-2

图 7-3

图 7-4

图 7-5

图7-6

图 7-7

图 7-8

图 7-9

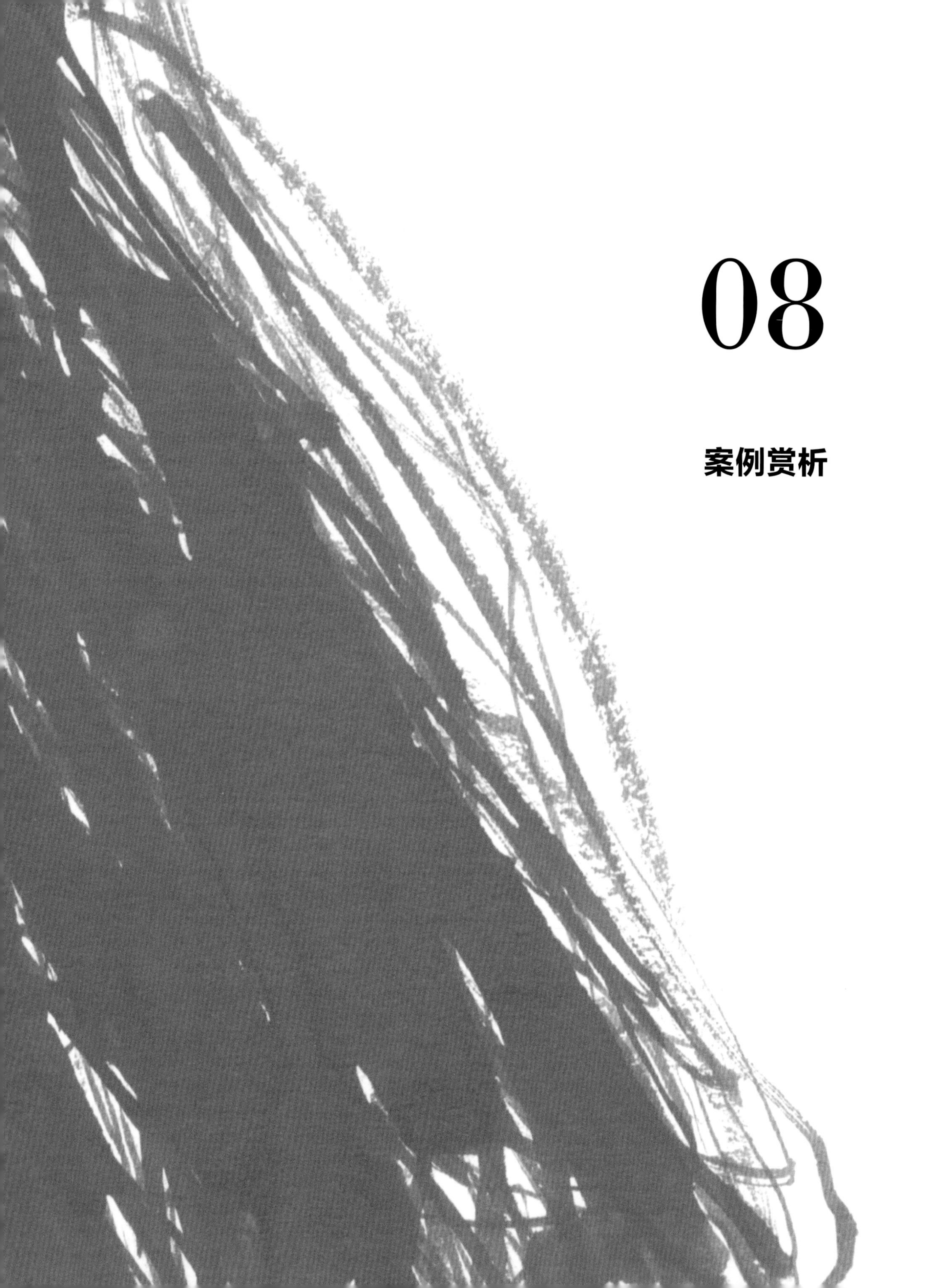

# 08

## 案例赏析